U0142444

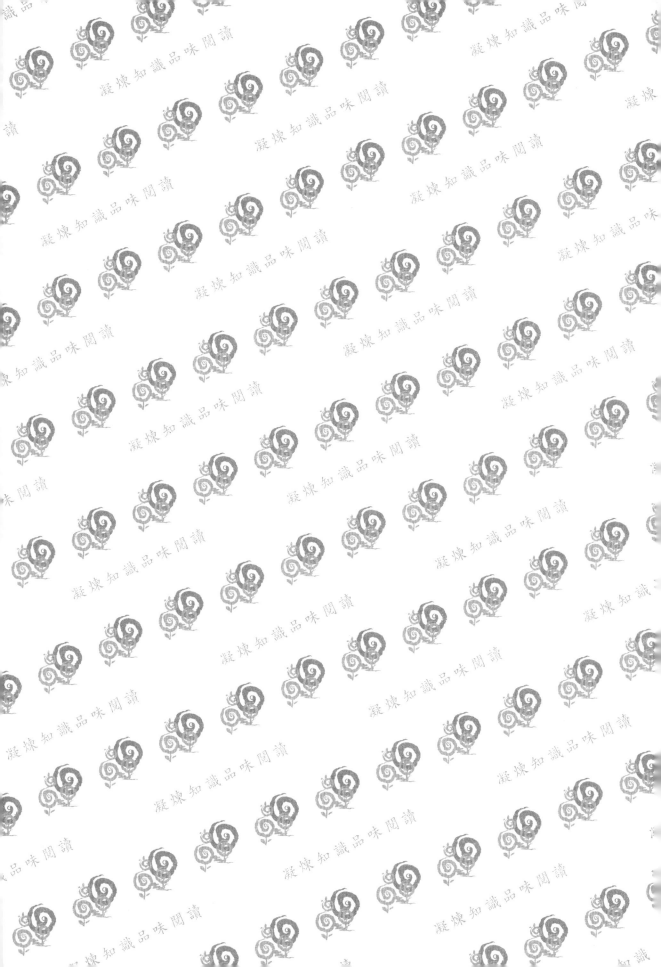

UNITY

程式設計教戰手冊

盛介中、邱筱雅 著

五南圖書出版公司 印行

序言

　　許多初學者在接觸 Unity 遊戲引擎時，往往一頭霧水而無法掌握學習方向，尤其是程式設計部份，更讓人覺得無從下手，即便閱讀大量書籍與網路文獻亦無法具體改善。

為了解決這個問題，本書作者以多年教學經驗，建立從零開始的學習路徑，讓初學者可以透過本書，輕易學習 Unity 程式設計，並且在閱讀本書之後，擁有自行學習的能力。

閱讀本書並不需要任何程式基礎，只要從頭開始照著書本案例一步一步練習，就可以學會基礎的 Unity 遊戲程式設計能力。本書以初學者為出發點，以完整的遊戲程式開發過程為學習路徑，輔以大量圖片說明，讓沒有程式基礎的讀者，可以由淺而深的學習 Unity 程式設計。

　　本書內容經過實際課堂教學驗證與完善，並獲得學生一致好評，值得向初學者推薦。

目錄

第一部份　2D 遊戲與 Unity C# 基礎

第一章 │ 製作第一個遊戲專案 *3*

　2.1　前言 3

　1.2　Unity Hub 的基本設定 4

　1.3　編輯器概觀 7

　1.4　建立專案 9

　1.5　資源商店簡介 10

　1.6　建立場景 12

　1.7　建立遊戲物件 14

　1.8　2D 模式的運作方式 16

　1.9　排序圖層的概念 17

　1.10　遊戲執行與相機設定 19

　1.11　物理控制與 Rigidbody 21

第二章 │ Unity C# 簡介 *23*

　2.1　為遊戲物件加入 C# 程式 23

　2.2　C# 的通則 25

　2.3　Visual Studio 智慧諮詢功能簡介 27

　2.4　編輯第一個 C# 程式 31

　2.5　UI 物件簡介 34

2.6　程式與遊戲物件   39

2.7　敘述   42

2.8　資料型態   43

2.9　類別與物件   49

2.10　運算元與運算子   55

2.11　型態轉換   58

第三章 │ 常用的 C# 命令 ···················· *61*

3.1　條件判斷命令   61

3.2　按鈕與事件   67

3.3　多重條件判斷   70

3.4　選擇條件   73

3.5　for 迴圈   75

3.6　while 迴圈   78

3.7　do – while 迴圈   80

3.8　陣列   81

第四章 │ 完成第一個 2D 遊戲專案 ···················· *83*

4.1　Unity C# 程式實作   83

4.2　使用碰撞器   87

4.3　按下按鍵就可以移動與停止的控制方式   89

4.4　旋轉物件為遊戲添加樂趣   90

4.5　利用 Rigidbody 讓物體可以互相碰撞   92

4.6　控制物體消失   93

4.7　建立預製件   96

4.8　程式控制攝影機　97

4.9　使用者界面與字型　98

4.10　遊戲執行時期的 UI 控制　101

4.11　進階—讓石頭復活　104

第二部份　　3D 近戰遊戲

第五章　│　**動畫控制器基礎** ·· *109*

5.1　建立專案　109

5.2　建立主場景　111

5.3　將角色置入場景　112

5.4　設定攝影機位置　116

5.5　加入動畫控制器　119

5.6　為動畫控制器加入新動畫　121

5.7　狀態過渡與控制器參數　124

5.8　利用程式操控動畫控制器　126

5.9　解決畫面晃動問題　130

第六章　│　**動畫控制器進階** ·· *133*

6.1　角色控制器簡介　133

6.2　自行控制角色移動　135

6.3　動畫控制器進階　137

6.4　動畫混合樹　142

6.5　2D 動畫混合樹　146

6.6　加入攻擊動畫　　　　　　　　　　　　　　153

第七章　│　特效處理 ··· *159*

7.1　動畫事件　　　　　　　　　　　　　　　159

7.2　播放特效　　　　　　　　　　　　　　　162

7.3　播放音效　　　　　　　　　　　　　　　166

7.4　製作氣功彈　　　　　　　　　　　　　　168

7.5　利用動畫事件發射氣功彈　　　　　　　　170

7.6　為物件加上音效　　　　　　　　　　　　172

7.7　控制物體在一段時間後自動消失　　　　　173

第八章　│　碰撞偵測 ··· *177*

8.1　為物體加上碰撞效果　　　　　　　　　　177

8.2　控制物體在碰撞後自動消失　　　　　　　178

8.3　碰撞器簡介　　　　　　　　　　　　　　183

8.4　使用剛體　　　　　　　　　　　　　　　184

8.5　新增敵人　　　　　　　　　　　　　　　186

第九章　│　導航與自動控制 ·· *191*

9.1　為敵人設定導航功能　　　　　　　　　　191

9.2　動態物體與靜態物體　　　　　　　　　　197

9.3　導航動畫控制　　　　　　　　　　　　　198

9.4　敵人自動攻擊　　　　　　　　　　　　　201

9.5　傷害輸出與扣血　　　　　　　　　　　　205

9.6　播放擊中效果　　　　　　　　　　　　　211

9.7　顯示被擊中動畫　　　　　　　　　　　　216

9.8　控制死亡動作　　　　　　　　　　　　　219

9.9　程式碼拆解　　　　　　　　　　　　　　223

9.10　自動巡邏　　　　　　　　　　　　　　　226

第十章　│　角色死亡處理與最後修飾 ·· *231*

10.1　處理主角死亡動畫　　　　　　　　　　　231

10.2　建立主角血條　　　　　　　　　　　　　234

10.3　連結扣血與血條　　　　　　　　　　　　237

10.4　製作敵人血條　　　　　　　　　　　　　238

10.5　為主角加入被擊中效果　　　　　　　　　241

10.6　為角色增加回血功能　　　　　　　　　　243

10.7　建立可以反覆使用的 Prefab 預製件　　　244

10.8　加上使用者界面　　　　　　　　　　　　247

10.9　修飾：主角攻擊位置的思考　　　　　　　253

10.10　使用武器　　　　　　　　　　　　　　　254

第一部份

2D遊戲與Unity C#基礎

第一章　製作第一個遊戲專案

1.1 前言

寫作本書主要目的，是讓讀者使用最簡單的方法，學習 Unity 遊戲開發與 Unity C# 程式語言技能，建立遊戲程式設計基礎。為增進學習效率，本書將減少不必要的文字描述內容，並大量使用圖解範例，以利讀者迅速學會各項技巧。

本書包含二個完整遊戲設計範例，第一個範例是簡單 2D 遊戲，主要目的是讓大家熟悉基本 Unity 編輯器操作，以及建立基礎 C# 程式寫作能力。第二個範例則是簡單 3D 近戰遊戲，介紹進階角色控制以及更深入的程式開發練習。

以上範例內容的先後順序，是以學習者從零開始逐漸建構完整遊戲的過程來安排。遊戲開發過程以及程式設計範例，並不是採用一次就寫好的方式，而是由簡單功能開始製作，隨著遊戲的需要而逐漸增加，以模擬程式開發的真實情境。範例介紹流程依循初學者從頭開始學習的路徑，因此不建議省略任何一個章節閱讀。讀者只要依照本書進度，從頭開始閱讀並動手實作，就一定能夠循序漸進的完成範例，並且具備從頭開始開發遊戲程式的能力。

遊戲開發通常包含兩大不同技能的工作者，一是遊戲藝術師或稱遊戲美術，負責繪製場景物件、角色、以及製作各種特效與音效；二是遊戲程式設計師，負責撰寫程式，以便讓場景、人物與使用者發生互動，且能順利執行遊戲。本書內容重點著重在遊戲程式設計方面，以培養遊戲程式開發者為主要目標。

Unity 支援 C# Script 程式語言，程式開發環境預設要求使用者安裝 Microsoft Visual Studio。本書亦推薦使用 Visual Studio 來進行學習，它不但支援中文開發環境，而且提供中文程式錯誤訊息，可以大幅減輕學習壓力。Visual Studio 另一個優點是它的程式碼智慧諮詢功能十分強大，有助程式設計師快速找到想要使用的命令，避免因為英文單字拼錯而發生錯誤。站在初學者的立場，使用 Visual Studio 配合 Unity 來撰寫 C# 程式，可以節省大量學習時間。

許多人覺得程式設計相當困難，部份原因是因為程式語言幾乎都使用英文，因此對一些懼怕英文的學習者來說，充滿了各種學習障礙，只要克服英文問題，大部份學習者都能學會程式設計。

在學習程式設計時要先有一個觀念，那就是程式語言的英文命令一定要能背誦，並且充分理解它的含意。當學習者看到新的命令時，第一件工作是要記憶英文單字的意義，然後再開始練習如何使用，將能有效增進學習效果。或許剛開始學習時會覺得有好多英文字要背，但只要持之以恆，就能逐漸克服因為英文而導致的學習障礙。

為了讓初學者可以更輕鬆地學習程式語言，本書所有程式碼的變數、方法、類別以及物件等名稱將採用中文命名。因此程式碼當中英文部份為 C# 的命令、關鍵字、或者是 Unity 遊戲引擎提供的功能，而中文部份則來自使用者自行命名。採用中文變數命名方式是為了增加學習效果，業界則多半使用英文命名，讀者需要特別注意。

本書將省略不重要內容，如介紹 Unity 的歷史背景或是重要性等，以節約書本空間並減少讀者負擔。由於 Unity 改版迅速，故常因改版導致書本內容與編輯器有些微差異而造成讀者困擾，為免閱讀本書發生疑惑時無法獲得解答，讀者可利用左圖 LINE QR-CODE 與作者直接聯絡以獲得幫助。

Unity 編輯器請連線至 Unity 官網 https://unity.com/ 下載頁面進行下載與安裝，目前下載位置為 https://store.unity.com/download-nuo ，讀者應需要先下載安裝 Unity Hub，然後透過 Unity Hub 安裝 Unity 編輯器，最終使用 Unity 編輯器製作遊戲。為節約書本空間，請讀者自行下載安裝 Unity，本書不多做說明。

1.2 Unity Hub 的基本設定

下載並安裝 Unity Hub 以及 Unity 編輯器之後，在建立第一個專案之前，需要先進行登入動作。請點選 Unity Hub 的 ▓▓ 符號，然後選擇 [登入]：

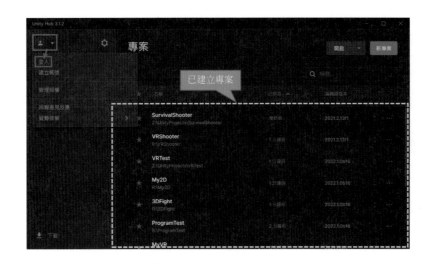

上圖當中黃色虛線標示的內容，為已經建立過的專案。若要開啓已存在的專案，可於此處直接點選專案名稱即可打開。

第一次登 Unity Hub 之後，視窗上方會出現提示訊息：沒有可用授權 要建立並開啓專案，您需要一個有效的授權。請點選 [管理授權] 以便取得授權：

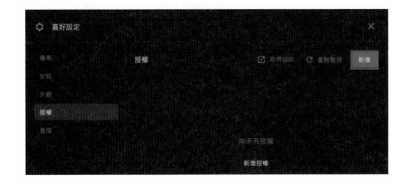

接著請點選 [新增] 以便新增授權。

一般使用者請選擇 [取得免費的個人
版授權] 即可。

有時使用者會在打開專案時遇到閃
退的狀況，這多半都是因為沒有授
權而導致，只需要重新獲得授權即
可正常運作。

取得授權之後才可以開始建立 Unity 專案。點選 Unity Hub 視窗左側的 [專案]，然後再點
選 [新專案] 按鍵，以便建立全新專案：

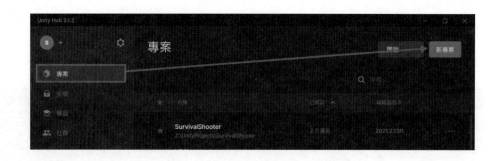

接著指定專案範本，預設有 2D、3D 專案，以及 URP/HDRP 等進階渲染功能專案等。
初學者請由 2D 與 3D 專案開始練習。此外我們可以在 [編輯器版本] 的位置選擇想要使用的
Unity 編輯器版本，並且在 [專案名稱] 欄位填入專案名稱，然後在 [位置] 欄位選擇專案建立
位置。操作完畢後，按下 [建立專案] 即可建立全新專案：

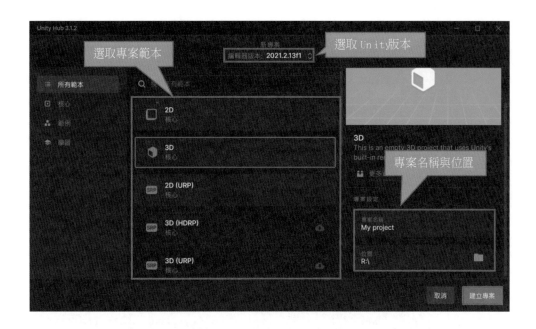

　　Unity 編輯器以前支援中文專案名稱，但是在最近一兩年支援並不完整，容易引發各種奇怪的問題。請讀者務必使用英文專案名稱，以免引起不必要的困擾。建立專案之後，專案目錄裡面有中文名稱的路徑或是檔案名稱則不會有負面影響。

1.3 編輯器概觀

　　由於版本不同，Unity 編輯器界面外觀會有些微小差異，但是多半差異並不會太大。如果讀者發現 Unity 編輯器畫面與本書有細微差異時，通常只要仔細觀察即可找到正確應對方式，不必特別擔心。

　　Unity 將在 2019.1 版開始允許使用繁體中文界面，然而繁體界面當中有許多翻譯錯誤之處，再加上程式當中 Unity 內建功能，均使用與編輯器界面相同的英文名稱，故而建議使用者使用英文界面，以增進學習效率。

　　Unity 編輯器預設劃分為以下幾個區域：

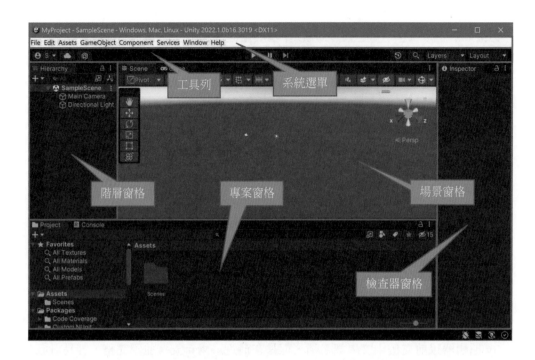

1. 系統選單：用以提供各種系統功能，但是多半的系統功能都可以使用滑鼠右鍵達成，因此只有少數功能會需要使用系統選單來完成。未來本書將只會配合進度，於教材當中使用到的時候才加以介紹，不會專門介紹系統選單的內容。

2. 工具列：配合 [場景窗格] 使用，提供常用的功能選項。

3. 專案窗格：Project，用來管理遊戲專案所使用到的全部檔案。

4. 階層窗格：Hierarchy，用來管理遊戲場景裡面全部的遊戲物件。

5. 場景窗格：Scene，用來編輯遊戲場景。

6. 檢查器窗格：Inspector，用來呈現與修改各遊戲物件的屬性，並在此處為遊戲物件加入各種功能。

讀者現在只需要大致記得不同區塊是做什麼的即可，並不需要刻意背熟，等到未來操作時自然而然就會熟悉各項功能了。

現今 Unity 編輯器預設使用 Dark（暗色系）配色，然而書本印刷時採用黑色底圖片容易導致圖案模糊不清，故本書 Unity 編輯器使用 Light（亮色系）配色，以提供較為清晰之印刷品質。如果讀者要將編輯器更改為 Light 亮色系配色，請至主選單 [Edit] → [Preferences] → [Editor] → [Editor Theme] 選擇 [Light] 即可。

1.4 建立專案

　　現在請讀者練習建立第一個遊戲專案，請參照 1.2 節，打開 Unity Hub，點選 [專案] 之後按下 [新專案] 按鍵以顯示專案建立畫面。選擇 [2D] 專案，然後到 [專案名稱] 處指定專案名稱，並且指定專案檔案存放位置，然後按下 [建立專案] 按鍵：

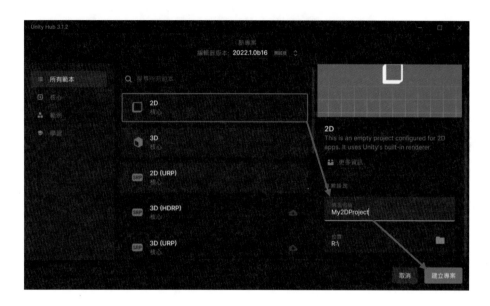

　　依據上圖操作會在指定的磁碟位置【R:\】建立名為【My2DProject】的 2D 專案。專案名稱應使用英文命名且檔案路徑不應有中文，否則有可能因中文路徑而導致的相容性問題。本章參考檔案存放於隨附光碟的 Part1.ZIP，解壓縮後專案目錄名稱為 My2DProject，讀者請自行解壓縮以取得匯入檔案與參考程式碼。專案目錄當中 < 第一章 >、< 第二章 >…等子目錄則存放各章完成時的檔案。

　　不同版本的 Unity 編輯器外觀可能會稍有不同，建立空白專案並進入編輯器時，主畫面如下圖所示：

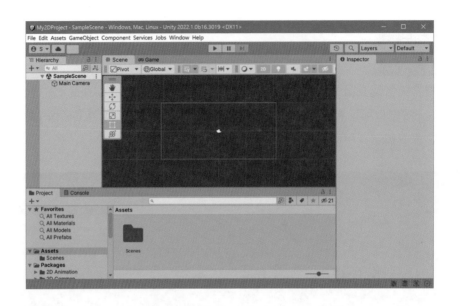

上圖場景窗格（Scene）上緣 **2D** 為淺藍色背景，代表目前場景使用 2D 模式編輯。製作 2D 遊戲時，場景窗格通常使用此模式進行編輯，此外在 3D 遊戲製作時，使用者界面 (UI) 也會採用此模式進行編輯。

1.5 資源商店簡介

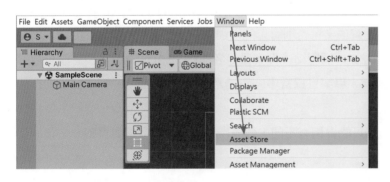

使用者可以在系統主選單的 [Windows] 項目選擇 [Asset Store] 打開資源商店網頁，此為 Unity 官方提供之資源流通中心，用以販售第三方設計的遊戲套件如 3D 模型、貼圖、動畫、材質、特效、音效、程式、工具等資源給開發者購買。此處購買的資源可以用於遊戲開發，且遊戲上市後不必另行付費，可以節省大量遊戲開發時間。資源商店擁有許多免付費資源，值得讀者探索並下載使用，本書範例亦大量使用資源商店免費資源素材做為教學之用。

資源商店網頁經常改版故需要讀者自行探索。本書改版時，資源商店網頁如下圖所示：

不論資源商店如何改版，都可以找到搜尋的欄位，以及顯示分類的標題。雖然資源商店支援中文界面，但是多半上架廠商均使用英文名稱與說明，因此建議讀者以英文進行搜尋，以免找不到資源。此外亦可以將滑鼠移動到分類名稱，則會顯示該分類項目的子項目，點選子項目後即會表列該項目資源，並提供過濾器以利讀者迅速找到所需資源：

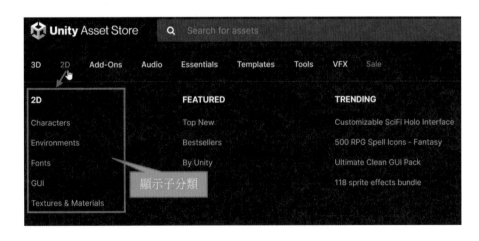

左圖則是選擇〔2D〕→〔Environments〕之後顯示的畫面。讀者可以利用 [Sort by] 來改變排序方式（例如免費的排最前面），[View Results] 可設定每頁顯示的資源數量，右側 [All Categories] 側邊欄可以讓使用者選擇詳細分類。資源商店網頁請讀者自行研究，本書限於篇幅不多做說明。

1.6 建立場景

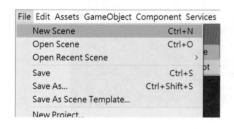

製作遊戲的第一個步驟往往是建立場景，請點選 [File] 主選單，選擇 [New Scene] 之後出現下圖 [New Scene] 視窗，用以建立新的場景。若無特別需求，在 [New Scene] 視窗當中直接點選 [Create] 按鍵即可。

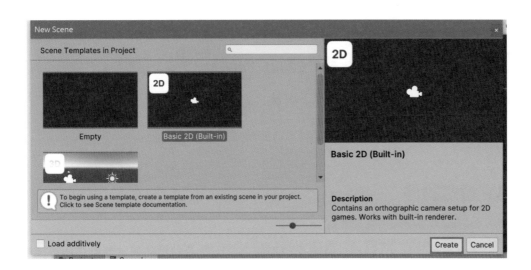

剛建立場景時，階層窗格（Hierarchy）會顯示 [Untitled] 字樣，代表場景未命名，如左圖所示。

遊戲開發設計應保持良好習慣，全部專案組件都應該明確命名，以免專案龐大時造成團隊其他開發人員困擾。故而建立新場景之後，應立即命名爲宜。

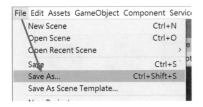

點選 [File] → [Save As…] 以便將場景另存新檔並且命名，由於是全新場景，使用 [File] → [Save] 也可以。作者的習慣則是要命名就使用 [Save As…]，單純存檔則使用 [Save]。命名並存檔時會出現下圖的 [Save Scene] 視窗。

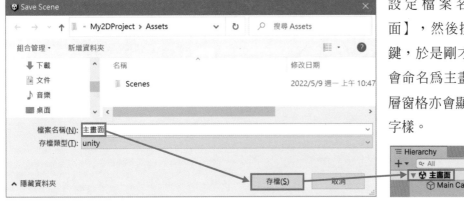

設定檔案名稱爲【主畫面】，然後按下 [存檔] 按鍵，於是剛才建立的場景就會命名爲主畫面了。此時階層窗格亦會顯示 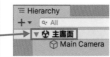字樣。

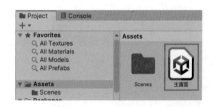

依據上述步驟操作之後，專案窗格（Project）右側資料顯示區域會出現 符號，未來滑鼠雙擊此符號即可編輯【主畫面】場景。

1.7 建立遊戲物件

Unity 本身並不具備 3D 建模以及圖片製作能力，因此遊戲物件通常都是經由外部軟體製作之後再匯入 Unity 編輯器當中，本章使用的圖形檔案，亦採用匯入方式進行。請讀者解壓縮 Part1.ZIP，然後打開檔案總管，接著將 3 個圖形檔案以滑鼠拖曳至專案窗格空白處放開，即可完成匯入動作：

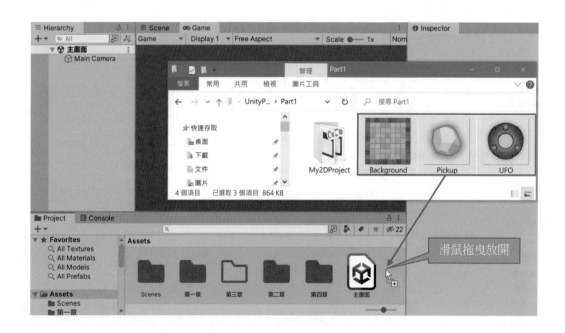

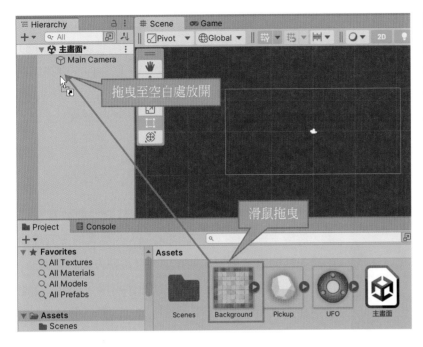

匯入圖形檔案之後，[Assets] 檔案夾存放本範例使用圖檔。擬使用 Background.PNG 做為背景圖，故將 [Background] 拖曳到階層窗格（Hierarchy）空白處放下，此時圖形會放置於世界座標軸的原點。

若使用滑鼠拖曳物件到階層窗格的方式新增物件，則物件將放置於場景原點。若使用滑鼠拖曳物件到場景窗格當中放開，則物件將會置於場景中放開滑鼠的位置。在 2D 遊戲設計時，拖曳物件至場景窗格特定位置放開的問題不大，但是 3D 遊戲採用相同方式操作時，則容易出現極大誤差。因此在編輯場景時，通常我們都是將物件拖曳至階層窗格，讓物件放置於原點然後再調整位置。

Unity 編輯器預設將拖曳至場景中的物件以其檔案名稱命名，本書建議開發者最好能夠自行修改場景物件名稱，以免在複雜場景當中因為名稱重複或相似而無法有效辨別物件。Unity 編輯器支援中文名稱，所以本書一律使用中文命名，以利讀者分辨哪些東西是自己加進去的，並且避免與系統內建名稱混淆。如果在職場工作，則要依據公司規定命名（通常會使用英文），這是需要特別注意的。請至階層窗格點選 [Background]，然後到檢查器窗格裡面將名稱修改為【背景】，它的位置應該在原點，亦即 Transform 的 Position (X, Y, Z) 值是 (0, 0, 0)：

　　Unity 遊戲場景裡面所有物體都擁有轉換（Transform）元件，用以設定物件 X-Y-Z 軸的位置（Position X, Y, Z）、旋轉（Rotation X, Y, Z）以及縮放（Scale X, Y, Z）。在場景窗格（Scene）拖曳物件時，這些值會自動變更，我們亦可手動或利用程式碼變更這些值，則物件亦會在場景中改變位置、旋轉與大小。

1.8 2D 模式的運作方式

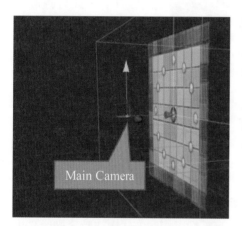

Unity 的 2D 遊戲運作方式是將遊戲物件疊放在平面上，然後主攝影機（Main Camera）由場景的後方往前拍攝，亦即由 Z 軸方向朝正前方（正值方向）拍攝。由於 Unity 最初設計是做為 3D 遊戲引擎，因此 2D 遊戲運作方式相當於 3D 場景的特例，且實務上 Unity 製作 3D 遊戲亦較 2D 容易。

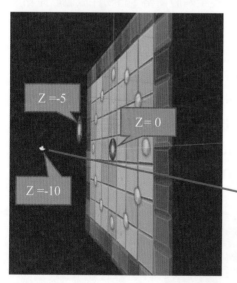

由於 2D 遊戲為 3D 的特例，因此我們可以利用物件 Z 值變化以改變堆疊順序，產生前後景效果（請注意，預設主攝影機 [Main Camera] 的 Z 軸位置是 -10）。

然而使用 Z 軸變化來改變物件前後景位置的方式，無法提供遠近景移動速度不同的視差效果，這是必須要特別注意的。

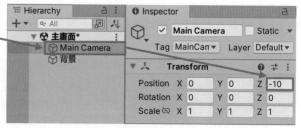

1.9 排序圖層的概念

由於 2D 遊戲將全部的物體都在同一平面上顯示，當兩個物件重疊時，一定要有辦法指定哪一個物件應該疊在哪一個物件之上，以便產生實質的前後景效果。本節將介紹排序圖層（Sorting Layer）的設定方法，以利呈現前景與背景物件。

首先我們在背景圖片上放置飛碟圖案，將 UFO 圖片用滑鼠拖曳至階層窗格空白處放開，然後到檢查器窗格將它改名為【玩家】：

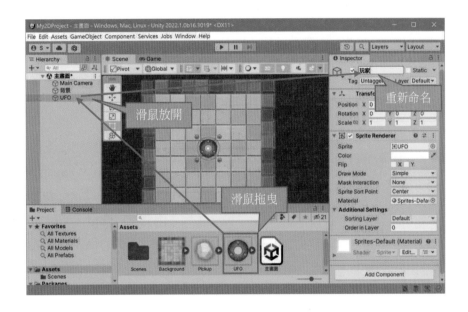

3D 場景由物件相對位置關係來決定螢幕畫面裡顯示的前後順序，但是 2D 畫面往往要在同一平面裡區分前景與背景的關係，以便讓前景可以蓋住背景。在這種情況之下，使用者必須針對同一平面當中不同的物件，亦即 Transform 的 Position 的 Z 值相同物件（本例物件的 Z 值都是 0），分別指定它們的先後順序。

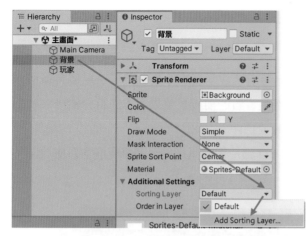

Unity 指定物體顯示前後順序的方式，是設定個別物體的排序圖層（Sorting Layer）。當兩個物體發生重疊時，系統將依據物體所屬的排序圖層先後順序，來決定物體之間的前後景關係。在階層窗格點選 [背景]（點選玩家亦可）之後，到檢查器窗格點選 [Sorting Layer] 再選擇 [Add Sorting Layer…]，以新增圖層給全部的圖形物件使用。

註：上圖檢查器窗格的 ▶ ⚙ **Transform** ❓ ⌇ ⋮ 係點選 ▼ 折疊起來以節省空間，折疊後的組件只要點選 ▶ 符號就可以展開。當遊戲物件內組件（或稱元件）過多時，我們經常利用這種方式將現在沒在關注的組件折疊起來，以節省操作空間。

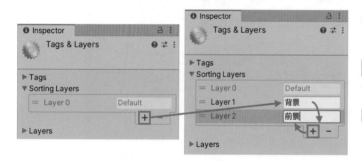

經過上圖的操作之後，檢查器窗格會顯示 [Tags & Layers] 畫面，點選 ➕ 符號後，新增 [背景] 與 [前景] 兩個排序圖層。新增完畢後，點選階層窗格的物件以離開此畫面。

在階層窗格點選【背景】物件之後，再到檢查器窗格將 Sorting Layer 設定為 [背景]，並使用相同方式將【玩家】物件的排序圖層設定為 [前景]：

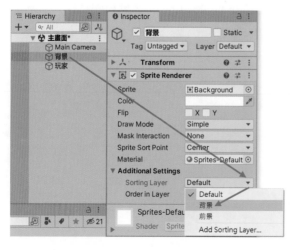

　　請觀察 [Sorting Layer] 選單的顯示方式，最上方是 [Default]，然後是 [背景]，接著是 [前景]，其顯示順序是上方排序圖層物體會被下方排序圖層的物體蓋住，以此類推。於是前景層物體會蓋住背景層物體，背景層物體則會蓋住 Default 層。如果不希望兩物件重疊顯示，則需要在物件當中加入碰撞器（Collider），於是物體被碰撞器碰到時就不會互相穿透而重疊顯示。

調整【玩家】物件的大小，設定它的縮放尺寸（Scale）為原本的 0.75 倍。Scale 旁邊的 🔗 符號代表 X-Y-Z 軸的值為連動改變，若要取消連動，請點選此符號，讓它變成 🔗 即可取消連動，亦即 X-Y-Z 值可以單獨改變。

1.10　遊戲執行與相機設定

　　設定背景畫面並且加上了遊戲物件之後，可以先試著執行一下遊戲，以便觀察一下整體的狀況。遊戲開發的過程，即在不間斷的測試當中逐漸增加各項功能。按下播放按鍵 ▶ 或鍵盤輸入 Ctrl-P 即可播放遊戲，此時會發現遊戲畫面無法顯示全部場景，如下圖所示：

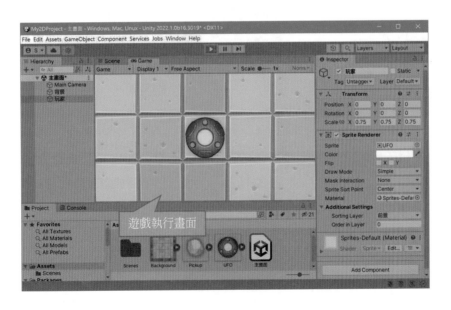

　　由於遊戲畫面顯示範圍太少，故需要調整主相機參數以便顯示更大範圍。遊戲執行時請按

下播放按鍵 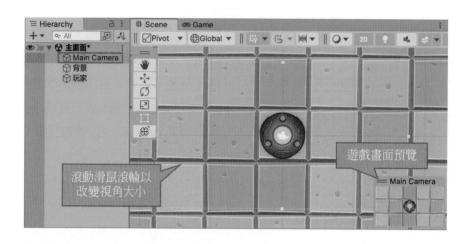 或鍵盤輸入 Ctrl-P 將遊戲停止，然後再進行修改。

在階層窗格內點選主攝影機 [Main Camera]，以便修改攝影機相關設定，此時場景窗格右下角會顯示此攝影機的遊戲畫面預覽，在場景窗格 [Scene] 裡面捲動滑鼠滾輪則可以縮放視角：

由於【背景】太大，因此將滑鼠滾輪往下捲動，以縮放場景至適當顯示大小。場景窗格當中背景中心區域有一白色四方形框格，其四邊均有一個白點。此邊框圍住的區域，就是攝影機的畫面顯示範圍，只要調整這個白色方框大小，就能改變攝影機顯示畫面的範圍。

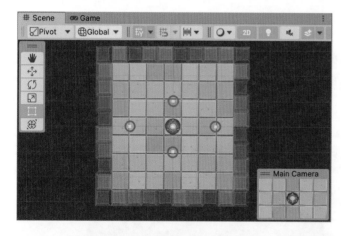

滑鼠拖曳場景畫面的白點到適當大小，播放遊戲時就可以顯示全部場景了。

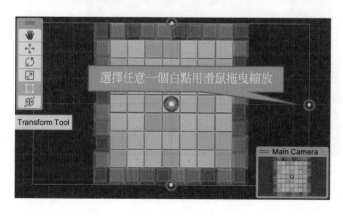

1.11 物理控制與 Rigidbody

　　本範例擬採用物理方式控制【玩家】移動。為了讓【玩家】具備物理性質，需要在【玩家】裡面加上 [Rigidbody 2D] 也就是 2D 剛體元件。Unity 的遊戲物件當中，凡是加入 Rigidbody 的物體在遊戲中就可以套用各種物理現象，例如物體之間的碰撞、反彈、地心引力、拋物線下墜、空氣阻力等。善用 Unity 的物理引擎，可為遊戲添加符合物理現象的動態效果。

　　在階層窗格內點選【玩家】，然後到檢查器窗格按下 [Add Component]，點選 [Physics 2D] 項目後再選擇 [Rigidbody 2D]，於是檢查器窗格當中會增加 [Rigidbody 2D] 項目，代表【玩家】在遊戲當中將具備物理性質：

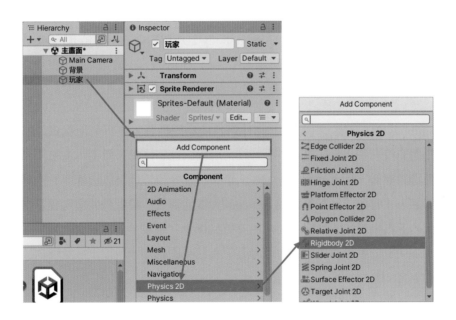

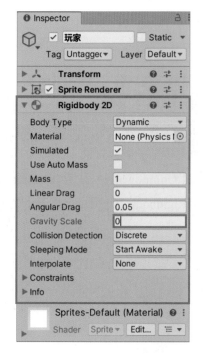

經過上圖操作之後，【玩家】物件在檢查器窗格當中，會新增一個 [Rigidbody 2D] 區塊，亦即此物件將具備 2D 物理性質。

Rigidbody 2D 的參數當中，以下部份初學者有可能用到：

[Mass]：物體的質量。

[Linear Drag]：阻力，相當於空氣或流體阻力。

[Angular Drag]：角阻力，阻礙旋轉的阻力。

[Gravity Scale]：地心引力指數，1 代表 1 個地心引力。

讀者請播放遊戲進行測試，此時會發現【玩家】一直往下墜落，最後離開畫面。【玩家】掉出畫面的原因，是因為【玩家】的 [Rigidbody 2D] 預設地心引力值 [Gravity Scale] 為 1，只要將地心引力值 [Gravity Scale] 設為 0，就可以讓【玩家】不受重力影響而飄浮在固定位置。

　　加入 Rigidbody 2D 之後，【玩家】物件將具備物理性質，並可利用程式以物理方式進行控制。不論物體有沒有使用 Rigidbody 都可以利用程式控制移動，然而本遊戲不希望【玩家】太容易操控而顯得無趣，因此使用 F = MA，亦即力量等於質量乘以加速度的物理方式，來控制【玩家】移動，才會為【玩家】添加 Rididbody2D 元件。一般遊戲開發過程當中，當我們已經建置了初步的遊戲場景，並且將主要角色安置到場景之中後，通常就會開始著手寫程式來控制這個角色，以便對於場景與角色間的組合匹配有初步的認知，所以下一章要向讀者們介紹如何在 Unity 當中加入程式。

第二章　Unity C# 簡介

2.1 為遊戲物件加入 C# 程式

　　Unity 遊戲物件可以利用程式（或稱腳本）加以控制，且不同遊戲物件可以共用同一支程式，故可節省程式開發時間。我們意圖利用鍵盤控制【玩家】移動，故新增程式以期達到目的。

　　Unity 開發採用的 C# 為物件導向程式語言，撰寫程式時需要站在物體的角度去思考。例如我們想要控制【玩家】移動，於是假設自己是場景裡面的【玩家】物件，站在它的角度去思考要接受什麼輸入（如鍵盤或滑鼠），然後思考針對這些輸入要做哪些事情，再使用程式碼將這些工作描述出來。

　　新增程式的方法有好幾種，此處介紹一種通用的新增程式方式。在 Assets 檔案夾內空白處按下滑鼠右鍵然後選擇 [Create]，再點選 [C# Script] 建立新程式，最後將程式指派給【玩家】。

　　在專案窗格的空白處按下滑鼠右鍵，然後選擇 [Create] → [C# Script]：

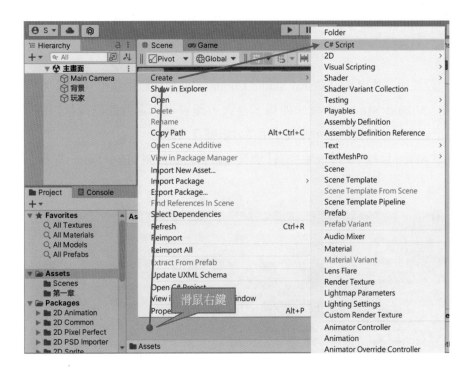

接著將它命名為【玩家控制】。

請注意命名應一次完成，不要修改名稱，否則未來會出現錯誤。

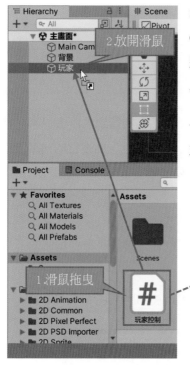

Script 是「描述語言」的意思，Unity 使用的 C# Script 與一般 C# 程式語言完全相同，可以使用 C# 程式語言大部份的功能。將專案窗格 Assets 目錄下的【玩家控制】程式碼拖曳到階層窗格的【玩家】處，此時滑鼠游標會顯示貼上的符號　，代表可以將程式碼放在那個位置，此時將滑鼠按鍵放開，程式碼就會加入【玩家】物件當中。

將【玩家控制】程式加入到【玩家】後，檢查器窗格會顯示 [玩家控制 (Script)]，代表【玩家控制】是【玩家】的組成元件。

Unity 預設使用微軟出品的 Visual Studio Community 免費版做為程式編輯器，讀者第一次編輯程式時，Visual Studio 會要求使用者登入，讀者可以自行註冊微軟帳號，然後登入使用。如果已經有微軟帳號的話，直接使用微軟帳號登入即可。

滑鼠雙擊 Assets 目錄下的【玩家控制】圖樣，就會自動打開 Visual Studio 編輯【玩家控制】程式：

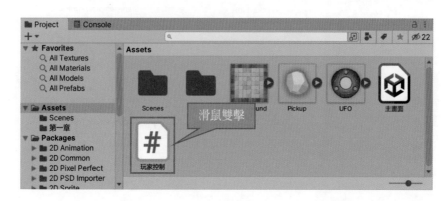

此時會出現 Visual Studio 畫面如下圖所示（會因使用者設定而稍有不同）：

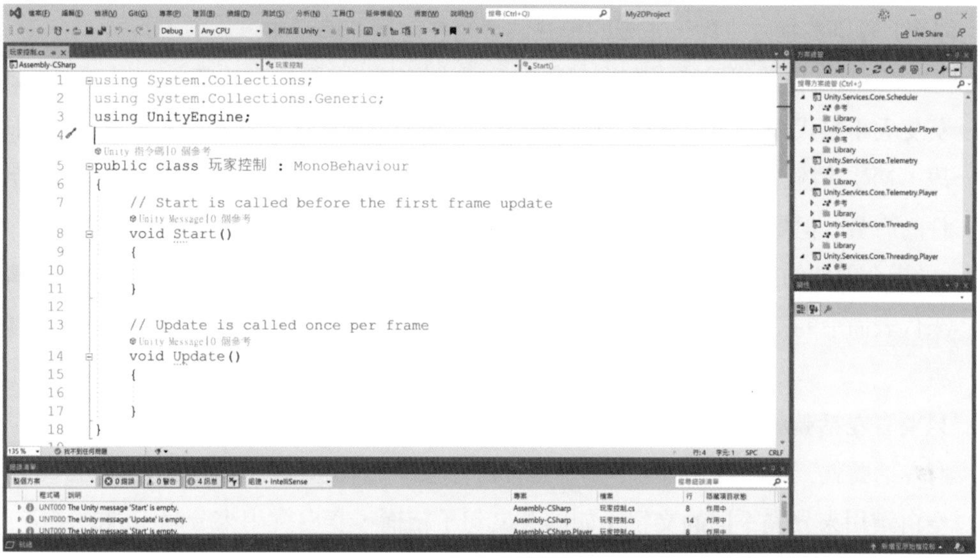

2.2 C# 的通則

Unity 編輯器建立 C# Script 時，系統會自動產生基本程式碼如下圖所示：

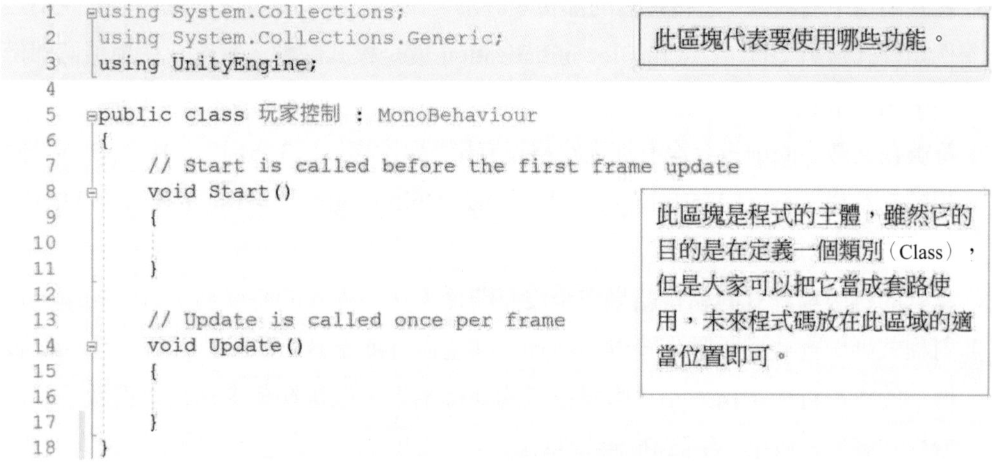

Unity 程式大致可以分為兩個區塊，第一個區塊用來指示編譯器要使用哪些功能，也就是上圖程式碼 1～3 行 using …的部份。讀者現在不需要明瞭每個命令代表什麼意思，只要知道

未來使用某些系統功能時，可能要在第 4 行開始的位置加上 using XXX.XXX; 一類的命令即可，這些命令會在隨後章節加以介紹。第二個區塊則是定義類別（class）的區塊，用來撰寫【玩家控制】類別的程式主體，主要的程式碼會寫在這個區塊當中。

在開始學習 C# 程式語言時，有幾個極為重要的規定一定要特別注意：

1. **英文大小寫代表不同的意思**：C# 程式語言一個重要的特性是英文大小寫代表不同的意思，初學者經常會因為忽略大小寫而產生各種意料之外的錯誤。例如 if 是用來判斷條件的命令，但是 If 或是 IF 則被當成不同的東西，寫程式時一定要特別留意。

2. **C# 指令敘述的結尾都必須加上分號 ;**：例如 using UnityEngine; 尾端分號不可省略，用來代表命令的結束。左右大括號 { } 用來標示區段的開始與結束，區段結尾 } 不必加分號。

3. **只要有左括號就一定會有右括號**：只要見到括號，不論是 {}、[]、<>、還是 ()，只要有左括號就一定要有右括號，初學者經常會忘掉某一邊的括號而導致意料之外的錯誤。

4. **空白鍵用來分隔不同的文字**：如同英文句子結構，空白鍵用來分隔不同的文字。所以 using UnityEngine 絕對不等於 using Unity Engine 也不等於 usingUnityEngine，以上被視為三個完全不同的東西。而且只要有空格分開兩個不同文字即可，一個空格或是多個空格完全沒有影響。也就是說 using UnityEngine; 和 using UnityEngine; 是完全一樣的意思。實務上我們經常使用空格以及空行來做程式排版，以增加程式的閱讀性。

5. **逗號用來分隔項目**：所有的程式語言都一樣，逗號用來隔開不同的項目。例如 (1, 3, 9) 代表有三個不同的元素，第一個是 1，第二個是 3，第三個是 9。

6. **程式碼當中雙斜線 // 之後接著的部份是註解**：註解不會被執行，僅做為程式說明之用。例如程式碼第 7 行 //Use this for initialization 就是程式註解，說明「使用這個部份做為初始化之用」。

7. **符號在文數字的前後有沒有加上空格沒有影響**：例如 (1, 3, 5) 和 (1 , 3 , 5) 是同完全相同的意思，using UnityEngine; 和 using UnityEngine ; 是相同的意思，Update() 和 Update( ) 也是相同的意思。

8. **程式的排版和程式的執行結果完全沒有關係**：在寫程式的時候為了方便閱讀，經常會對程式碼做一些排版動作，例如增加一些空白行或是做一些縮排等等。這些排版動作增加的空白行與空格並不會影響程式的執行結果，但是初學者往往以為做了縮排就等於程式發生了效果，導致許多錯誤的認知。例如：

```
1    if (分數 < 60)
2    {
```

```
3          print(" 不及格 ");
4          不及格人數 = 不及格人數 + 1;
5      }
```

以上的程式碼當中，我們在第 3 和第 4 行做了縮排，用來示意這兩行命令是在 if() 條件成立時才要執行的程式區段，分數小於 60 就執行第 3 與第 4 行，否則就全部不執行。許多初學者會以為下列的寫法也是同樣意思：

```
1      if ( 分數 < 60)
2          print(" 不及格 ");
3          不及格人數 = 不及格人數 + 1;
```

以上的程式碼，當分數小於 60 分時，只會執行第 2 行程式碼，不論及格與否都會執行第 3 行程式碼，於是不及格人數就永遠都會加 1 了。

2.3 Visual Studio 智慧諮詢功能簡介

Visual Studio 編輯器具備 intellisense 智慧諮詢功能。只要鍵入前幾個字，編輯器就會自動出現可以選擇的指令。

上圖是使用者輸入 pub 三個字時，智慧諮詢功能出現 PhysicsUpdateBehaviour2D 以及 public 這兩個項目讓你選擇，且編輯器猜測你最有可能選擇 public 關鍵字，故而將它反白標示。此時只要按下鍵盤的 TAB 鍵就會自動幫你填入 public 關鍵字，或是用滑鼠雙擊其他項目讓編輯器幫你自動填入。

此外要說明一下 Visual Studio 的自動偵錯功能，凡是有紅色波浪底線就代表程式碼有重大錯誤，**不排除錯誤程式將無法執行**，綠色波浪底線則代表警告，程式不處理警告依舊可以執行，但可能有冗餘程式碼的問題。當滑鼠游標移動到波浪底線處，編輯器會自動提示引發錯誤或警告的原因：

```
 1  ┌using System.Collections;
 2  │using System.Collections.Generic;
 3  │using UnityEngine;
 4  └using UnityEngine.UI;
 5
 6  ┌public class 玩家控制 : MonoBehaviour {
 7      public float 移動速度;
 8      Rigidbozdy2D 剛體;
 9      // Use this for        ation    程式錯誤
10  ┌    void Start () {
11          剛體 = GetComponent<Rigidbody2D>()
12      }
13                程式錯誤        程式警告        警告原因
14  ┌    void FixedUpdate (
15          float 測試;
16          floa       is("Horizontal");
17          float 垂        xis("Vertical");
18          Vector2        2(水平移動, 垂直移動);
19          剛體.AddF        度);
20      }
21  }
```

（區域變數）float 測試
已宣告變數 '測試'，但從未使用過它。
顯示可能的修正 (Alt+Enter 或 Ctrl+.)

上圖中由於第 8 行 Rigidbody2D 拼錯（被拼成 Rigidbozdy2D），因此出現錯誤提示。第 12 行出現的錯誤提示，則是來自於第 11 行程式的結尾漏掉分號；導致。滑鼠移動到第 15 行的綠色波浪底線警告時，編輯器提示 ' 測試 ' 變數已宣告但從未使用，也就是出現了冗餘指令的意思。

如果將滑鼠移動到第 8 行**紅色波浪底線**的部份：

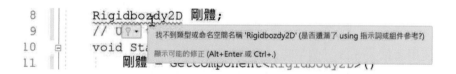

```
 8          Rigidbozdy2D 剛體;
 9          // U           找不到類型或命名空間名稱 'Rigidbozdy2D' (是否遺漏了 using 指示詞或組件參考?)
10          void St       顯示可能的修正 (Alt+Enter 或 Ctrl+.)
11              剛體 = GetComponent<Rigidbody2D>()
```

編輯器說明找不到 Rigidbyzdy2D，這種原因多半是由於拼錯字或者是忘記使用 using 關鍵字導致。

妥善使用 Visual Studio 編輯器的錯誤提示功能，可以大幅減少程式錯誤。**再次提醒，只要見到紅色波浪底線就一定要解決問題，否則程式將無法執行。**

除此之外，Visual Studio 也支援 Unity 內建的各種類別、方法以及屬性，當程式輸入到一半時，編輯器會視情況自動給予提示，如左圖所示，其中的 Input 就是 Unity 內建類別，用來處理輸入功能。

Visual Studio 也會提示相關的方法與屬性，例如輸入 Input. 當中的句點 (.) 時，編輯器會自動列表顯示 Input 能使用的方法與屬性，且猜測你可能會使用 GetAxis 方法，如果此時按下鍵盤 TAB 鍵即會自動幫你填入 GetAxis 方法：

請注意，當你輸入 Input.???? 時，如果輸入的命令沒有在智慧諮詢建議表列裡面顯示，則代表你一定寫錯、拼錯或記錯，回到 Unity 編輯器之後，程式不但不會執行並且會出現錯誤訊息。

Unity 程式設計常用的 C# 命令不多，最常見就是 if () 命令，其他多半是呼叫 Unity 內建物件的方法與屬性，來幫助我們完成工作。例如前面程式碼當中 Input 就是 Unity 內建幫你處理「輸入」用的類別，它有許多的方法以及屬性可以讓程式呼叫使用。這些方法與屬性要記起來也許不容易，然而我們可以利用 Visual Studio 的程式碼智慧諮詢功能，往上往下捲動提示選單列，就能快速觀察現在使用的物件（如 Input）有哪些方法與屬性，讓我們能夠對目前使用的物件有更全面的理解。只要英文能力稍微好一點，就能觀察提示選單的內容來猜測物件的使用方法。

有時讀者可能對 Unity 的方法和屬性搞不清楚，這裡大致分類一下：

1. 方法通常是動詞後面加上括號，用來執行特定工作。例如 GetAxis() 有括號代表是個方法（method），用來完成某種特定的工作，因此用動詞來表達。

2. 物件（object）以及屬性（property）則是名詞或形容詞後方沒有接括號，而屬性則是用來描述特定事物。例如 Input 是 Unity 的輸入界面類別，本身它是名詞。

3. On 開頭的項目一定是事件（event），用來處理「當發生…狀況時」要做的事情，例如 OnCollisionEnter2D() 是指「當 2D 碰撞器開始碰撞時」要執行的程式碼。

如果不清楚某些事物代表的含義，可以將滑鼠指標移動到不明白的地方，Visual Studio 會盡力提供解釋。例如將鼠標移動到 Rigidbody2D 時，編輯器會使用英文說明它是 2D 圖形使用的剛體物理元件：

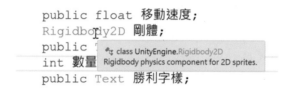

由於 Unity 相關的物件有許多沒有中文說明，只能閱讀英文訊息，因此加強英文閱讀能力對程式設計絕對有正面幫助。

除了使用 Visual Studio 的智慧諮詢功能幫助程式寫作之外，我們也可以透過網路文件來學習各種 Unity 程式設計的相關知識。在 Unity 編輯器當中，選擇 [Help] 主選單的 [Scripting Reference]，就會自動幫我們打開網頁流覽器，並且連結到程式設計的說明文件網頁：

上圖點選 [Scripting Reference] 後，會連結到 Unity 程式設計（Scripting）文件網頁，我們可以自行輸入想要查詢的資料：

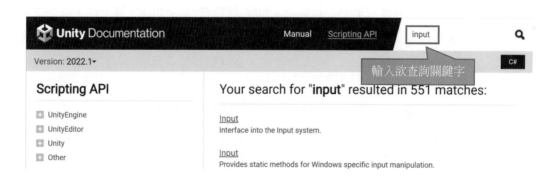

妥善使用 Unity 線上文件可以大幅節省學習時間，請一定要嘗試。

2.4 編輯第一個 C# 程式

滑鼠雙擊專案窗格當中的【玩家控制】以進入 Visual Studio 編輯程式，並將【玩家控制】程式碼修改如下 (參見 [Assets/ 第二章 / 玩家控制 1.cs])：

```csharp
1  using System.Collections;
2  using System.Collections.Generic;
3  using UnityEngine;
4
   ⊕Unity 指令碼 (1 個查看參照) | 0 個參考
5  public class 玩家控制 : MonoBehaviour
6  {
7      public float 移動速度;
8      Rigidbody2D 剛體;
9      // Start is called before the first frame update
   ⊕Unity Message | 0 個參考
10     void Start()
11     {
12         剛體 = GetComponent<Rigidbody2D>();
13     }
14
15     // Update is called once per frame
   ⊕Unity Message | 0 個參考
16     void FixedUpdate()
17     {
18         float 水平移動 = Input.GetAxis("Horizontal");
19         float 垂直移動 = Input.GetAxis("Vertical");
20         Vector2 移動量 = new Vector2(水平移動, 垂直移動);
21         剛體.AddForce(移動量 * 移動速度);
22     }
23 }
```

灰底部份為讀者應自行增加的程式碼，程式輸入完畢後一定要記得按下 Ctrl-S 按鍵或存檔之後才能執行。目前程式碼看不懂沒有關係，請先試著練習使用 Visual Studio 進行程式編輯，本書隨後會針對程式語言部份進行介紹。請注意 FixedUpdate() 為 Update() 直接增加 Fixed 字樣而來，不必重新輸入。讀者若是一直發生錯誤或無法執行，可以參考【Assets】主目錄下【第二章】子目錄的【玩家控制 1.cs】，未來本書將以 [Assets/ 第二章 / 玩家控制 1.cs] 的形式表示。

此外應特別注意程式碼第 5 行的玩家控制字樣（紅框標記），此處的文字應與檔案名稱

相符，否則會出現錯誤。如果讀者發生了莫名奇妙的錯誤，不妨看一下此處文字是否

與檔案名稱一致。若不一致的話，可以改變玩家控制字樣與檔案名稱相同即可。

- **使用本書範例程式的方法**

本書分為二大部份，每個部份都會有一個壓縮檔，第一部份的壓縮檔為 Part1.zip。解壓縮之後，My2DProject 就是第一部份的專案檔，利用 UnityHub 的 [專案] → [開啟] → [從硬碟新增專案]，選擇解壓縮後 Part1 裡面的 My2DProject 目錄，就可以打開範例專案。讀者可以直接利用這個範例專案進行練習，而每一章的範例程式與畫面，則會放在 [Assets/ 第 X 章] 目錄裡面。

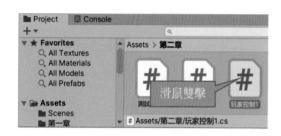

假設本節的【玩家控制】一直發生錯誤，可以在專案窗格用滑鼠雙擊[Assets/ 第二章/玩家控制1]圖樣，即可編輯【玩家控制 1】程式。

將【玩家控制 1.cs】利用 Ctrl-A 把全部的程式碼選擇起來，然後按右鍵複製（或是 Ctrl-C 亦可）：

接著到【玩家控制.cs】窗格，利用 [Ctrl-A] → [Ctrl-V] 的方式將全部程式碼複製貼上到【玩家控制.cs】去：

此時會發現到處都是錯誤，這是因為【玩家控制1】被重複定義導致，請將 [玩家控制1] 改爲 [玩家控制] 後存檔，於是遊戲就可以正常執行了，讀者亦可以利用此範例程式來觀察自己在何處輸入錯誤。

回到遊戲設計畫面，在階層窗格點選【玩家】，然後到檢查器窗格將 [玩家控制 (Script)] 當中的 [移動速度] 設定爲 15。改變移動速度值，可以改變【玩家】的移動速度。

上圖當中我們已經點選 [Transform]、[Sprite Renderer] 以及 [Rigidbody 2D] 前面的 ▼ 符號，並將這三個項目的詳細內容收合起來，如果要展開詳細內容的話，只要按一下項目之前的 ▶ 符號即可。適當收合元件項目可以幫助我們節省版面空間，也較容易表列更多元件。

【玩家控制】程式碼裡面【移動速度】使用 public 關鍵字宣告，代表它可以被其他程式以及 Unity 編輯器使用，因此【移動速度】會在檢查器窗格中顯示。

點擊工具列的 ▶ 圖示或鍵盤按下 Ctrl-P 以播放遊戲，讀者應可利用方向鍵操縱【玩家】四處移動，如果未能順利移動【玩家】，請檢查程式碼以及 [移動速度] 看何處輸入錯誤。想要結束遊戲時，只要再度按下 ▶ 圖示或鍵盤輸入 Ctrl-P 鍵即可。

2.5 UI 物件簡介

如果讀者未曾接觸過程式設計，很有可能看不懂上一節自行輸入的程式，因此本書現在開始介紹 C# 程式設計以利讀者學習。

為了避免【玩家控制】對未來測試程式造成干擾，請到檢查器窗格裡面取消勾選 [玩家控制 (Script)]，以關閉【玩家】的【玩家控制】程式。此設定的用意是讓【玩家控制】在遊戲開始執行時不要產生作用。

檢查器窗格內，凡是有核取方塊 ☑ 的元件（Component），都可以在執行遊戲時由程式碼（或程式設計師）打開或關閉，以動態產生各種效果，或是用來進行錯誤偵測。

為了學習 C# 程式語言，我們需要基本的輸出輸入功能，於是就要先學習一下使用者介面（UI, User Interface）功能。Unity 由 2022.1 版開始，正式將部份 UI 元件列為過時（legacy）功能，並改用 TextMeshPro 系列元件取代。然而 TextMeshPro 目前僅間接支援 Unicode 輸出入，例如要顯示中文需要自行匯入字型檔、中文常用字表並且用它產生 TextMeshPro 專用字型檔，然後才能顯示中文。萬一遇到罕用字的話，則需要在常用字表裡面自行增加該字，然後再重新產生字形檔。作者預估未來 Unity 面臨 Unreal 引擎強大競爭，遲早會將 Unicode 支援直接整合至 TextMeshPro，故而暫不採用此類型 UI 元件進行教學。

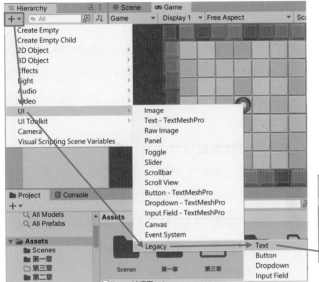

本書以 UI（User Interface）使用者界面元件，做爲 C# 練習程式輸出之用。我們在製作使用者界面時，會使用 UI 元件以提供各種圖形化界面功能。爲了顯示文字，請在階層窗格點擊  符號，然後選擇 [UI] → [Legacy] → [Text]，並且將它命名爲 [畫面文字]。

當遊戲場景第一次新增 UI 物件時，階層窗格會自動產生畫布 [Canvas] 物件，並設定剛剛新增的 UI 物件爲 [Canvas] 的子物件（本例爲 [畫面文字]）。此外還會新增一個 [EventSystem] 物件用來處理系統事件，這個物件我們現在不會直接使用它。

我們除了在建立遊戲物件時可以爲它命名之外，也可以在階層窗點選物件，然後到檢查器窗格紅框標示之處爲物件命名，未來會大量使用類似方式爲物件命名。

滑鼠雙擊階層窗格【畫面文字】物件，場景窗格會顯示 UI 畫布（Canvas）的布局，中心位置則是【畫面文字】物件：

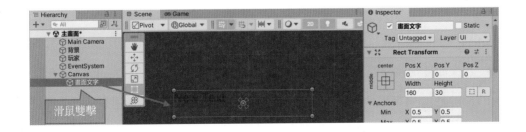

Unity 使用者界面呈現方式，可以想像爲攝影機前面放一塊畫布，然後在這張畫布上面顯

示各種 UI 物件，例如文字（Text）、按鈕（Button）、文字輸入框（Input Field）等。

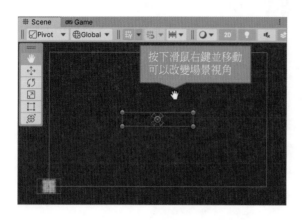

不論何時，只要鼠標位於場景窗的編輯區內，按下滑鼠右鍵並移動滑鼠可以改變場景視角位置。轉動滑鼠滾輪，則可以縮放場景視角。

請轉動滑鼠滾輪，並且移動場景視角，以便編輯【畫面文字】。白色框線是 [Canvas] 本身範圍，UI 物件則在白色框線範圍裡面呈現。如果 UI 物件位置不在白色框線範圍內，則不會顯示在遊戲畫面當中。

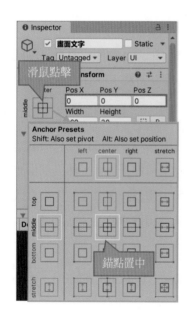

點擊檢查器窗格的 符號，則會出現錨點設定畫面。此時我們可以點選不同的方格，代表對齊的錨點要位於何處。左圖當中的白框位置，代表【畫面文字】要對齊於畫面的正中央。讀者可以自行點選其它位置，就可以理解它的對齊方式了。而 stretch 則是將它設定為展延方式，也請讀者自行測試。

調整【畫面文字】位置讓它容易閱讀，將 [Rect Transform] 的 Pos X、Pos Y、Pos Z 設為 0，以便將【畫面文字】移到使用者界面的中心點。

　　編輯場景窗格時，點選 可以改變編輯區操作方式。選擇 Hand Tool 後用滑鼠左鍵拖曳（或在編輯區用滑鼠右鍵拖曳）來移動顯示位置，Move Tool 用來改變物件位置，Rotate Tool 用來旋轉物件，Scale Tool 用來縮放物件，Rect Tool 用來移動物件、改變物件大小以及旋轉， 則用來同時改變位置、旋轉以及縮放之用。

　　以上畫面白色框線代表使用者界面顯示的範圍，也就是 [Canvas] 本身，UI 物件則在白色框線範圍裡面呈現。如果UI物件位置不在白色框線範圍內的話，則不會顯示在遊戲畫面當中。

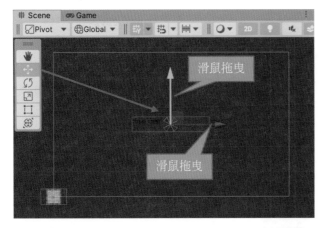

在場景窗格點選 符號，則【畫面文字】物件會出現座標軸符號，接著用滑鼠拖曳綠軸或紅軸到想要顯示的位置去。請注意不要讓【畫面文字】離開畫布範圍（白色方框），以免遊戲執行時看不到文字。正規遊戲設計在調整物件位置時，通常會採用類似方式操作，以免物件被移動到非預期位置（3D 場景最明顯）。

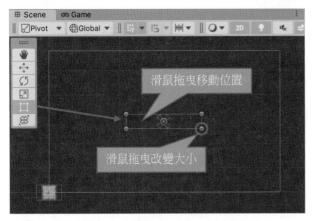

點選 符號則【畫面文字】會以方框加上四個藍點顯示，此時可以直接用滑鼠拖曳畫面文字至想要的位置。用滑鼠拖曳藍色圓點，則可以改變物件大小，這也是常用功能，讀者有必要練習一下。

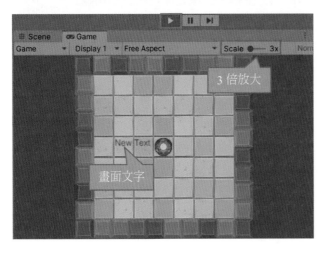

按下撥放按鍵 查驗文字顯示效果，以便調整【畫面文字】位置。

如果讀者使用 4K 以上解析度螢幕進行編輯時，Scale ● 3x 圖樣代表畫面以 3 倍放大方式顯示。此放大倍率係配合 Windows 的 Scaling（縮放與版面配置）而存在，它會將畫面放大顯示，以模擬 1920×1080 的 FHD 螢幕呈現效果。如果使用 4K 螢幕，則放大倍率為 2×，5K 螢幕則為 3×。

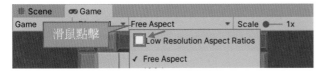

在遊戲窗格 [Game] 點選 [Free Aspect] 後勾銷 [Low Resolution Aspect Ratios] 可設定 Scale 為原生解析度 1×。

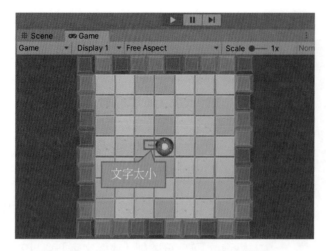

如果讀者使用 4K 以上螢幕，並設定使用 1× 模式播放遊戲時，將會發現遊戲畫面雖然變得更為細緻美觀，但是文字卻變得太小而難以辨識，這就是 Windows Scaling 的影響。

由於我們無法為每一種螢幕分別設定 UI 大小，所以需要做額外的設定，才能徹底解決此類問題。

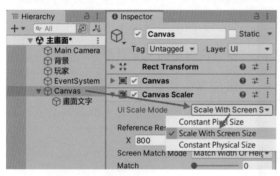

為了解決解析度縮放問題，先到階層窗格點選 [Canvas] 然後到檢查器窗格的 [Canvas Scaler] 元件點選 [UI Scale Mode] 的下拉選單，接著選擇 [Scale With Screen Size]，於是此畫布內所有的 UI 元件，都會隨著螢幕的大小而自動縮放，就不會受到螢幕解析度干擾了。

如果讀者使用 4K 以上螢幕，請做好前述解析度相關設定之後，再重新改變【畫面文字】的大小以及位置。未來本書將利用【畫面文字】來顯示結果並練習 C#。

左圖為【畫面文字】的參考設定。階層窗格點選【畫面文字】之後，到檢查器窗格的 [Text] → [Text] 欄位填入想要顯示的文字，接著將 [Text] → [Character] → [Font Size] 欄位將值改為 20，點擊 [Text] → [Color] 顯示顏色的區域，將文字顏色改為自己喜歡的顏色。然後再到場景窗格，將【畫面文字】移動到自己想要的位置。

設定完畢之後，可以點選遊戲窗格（Game）以觀察未來播放遊戲時的場景，並反覆調整設定至滿意為止。

2.6 程式與遊戲物件

　　爲了練習程式製作，我們將在階層窗格建立一個空白的遊戲物件，並將程式碼掛載在其中執行。此物件不會在畫面上顯示，僅用來配合搭載練習程式碼。遊戲開發時亦經常將遊戲管理程式搭載於空白物件之中，以上帝視角掌控遊戲進行流程。如果遊戲控制程式碼分散在各個不同遊戲物件，則各項控制功能需要至不同物件修改，增加程式設計負擔。與其在不同物件程式裡撰寫遊戲流程控制程式，不如在單一物件裡面集中製作更易於維護管理。

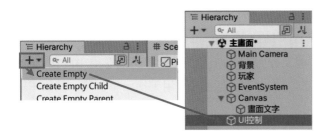

在階層窗格點擊　＋▾　圖樣，然後選擇 [Create Empty] 以建立空白物件，並將它命名爲【UI 控制】。

　　請依照 2.1 節方式建立名爲【測試程式】的 C# Script，並將它加載到【UI 控制】物件。

　　Unity 將程式視爲一種元件，且允許指定給一個以上不同物件共同使用，執行時期各物件會產生各自獨立的程式執行副本（Instance）而不會互相干擾。因此我們在撰寫程式時，應該要儘量將程式撰寫成通用性高且易於擴充的形式，以便讓其他遊戲物件可以共同使用。

　　修改【測試程式】程式碼如下（參見 [Assets/ 第二章 / 測試程式 1.cs]）：

```
1  using System.Collections;
2  using System.Collections.Generic;
3  using UnityEngine;
4  using UnityEngine.UI;
5
   ⊕Unity 指令碼|0 個參考
6  public class 測試程式 : MonoBehaviour
7  {
8      public Text 結果文字;
       ⊕Unity Message|0 個參考
9      void Update()
10     {
11         結果文字.text = Time.time.ToString();
12     }
13 }
```

　　第 4、8、11 行爲自行加入的程式碼，其他爲系統自動產生。其餘系統產生之未使用的程式碼與註解，已自行手動刪除。

　　第 4 行程式碼 using UnityEngine.UI; 指定要使用 UnityEngine.UI 命名空間，此時不妨將

它想成要使用 UnityEngine.UI 這組功能。程式要使用到 UI 功能的話，多半會在整個程式的最前面加上 using UnityEngine.UI; 這行命令，代表接下來的程式碼裡面會用到它定義的功能。不加上第 4 行程式碼並不會引發錯誤，但是在程式碼當中使用到 UI 功能的物件時，則要加上 UnityEngine.UI 字樣，例如省略第 4 行命令的話，則第 8 行程式碼就要改寫成 public UnityEngine.UI.Text 結果文字 ;，程式碼會變得較爲冗長。是否使用 using UnityEngine.UI; 命令屬於個人喜好，沒有強制規定要採用何種寫法。

第 6～13 行程式碼是【測試程式】類別的宣告範圍，類別宣告的程式樣板由系統自動產生，我們在樣板當中撰寫程式即可。

第 9～12 行程式碼是 Update() 方法的宣告範圍，凡是寫在裡面的程式碼，都會在每次畫面更新前執行一次。例如遊戲畫面每秒 120FPS 的話，則 Update() 一秒鐘內會被執行 120 次，以此類推。一般遊戲控制用的程式碼，多半會寫在 Update() 方法裡面。請注意第 10 行的左大括號 { 與第 12 行的右大括號 }，C 語系程式語言的左右大括號 {} 用來標示集合體，例如一組相關的程式碼區段或是一組資料等。

第 8 行程式碼用來宣告一個名叫【結果文字】的 Text 類別物件，稍後將用來存放【畫面文字】物件。先前在使用者界面上面放置的【畫面文字】是 Text 物件，因此必須設定【結果文字】變數形態爲 Text，以便將它指定爲【畫面文字】。程式碼當中使用 public 關鍵字定義的任何物件，未來都會在檢查器窗格裡面出現。不使用 public 關鍵字宣告雖然不會發生錯誤，但這個物件就沒有辦法在檢查器窗格裡面進行修改，或是指定給外界其他物件了。至於爲何要設定【結果文字】是 Text 物件，則是因爲原本【畫面文字】就是由 [Text] 做出來的：

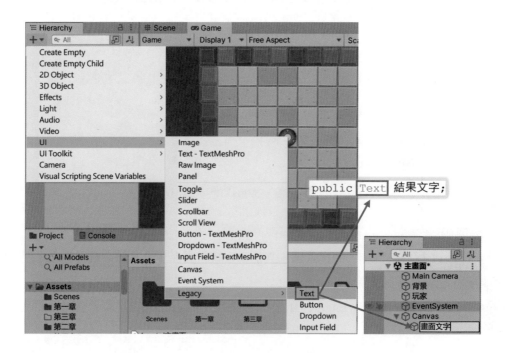

　　程式碼當中我們經常宣告一些物件，其類別就是來自於編輯器上面的英文字。也就是說，程式碼當中要使用的類別名稱就在編輯器的英文界面當中，但是中文界面就沒有這種優點了。

　　Text 物件的 text 屬性（Text.text）值就是使用者界面的 Text 物件顯示的文字，在這程式裡就是結果文字 .text。第 11 行程式碼讓 Time.time 轉成字串（Time.time.ToString()），然後指派給結果文字 .text，這樣就可以將遊戲進行時間動態顯示出來。Time.time 是 Unity 內建 Time 類別的靜態屬性，我們可以將它假想成計時器。當遊戲開始時，計時器（Time.time）從零開始，隨著遊戲時間進行，Time.time 會不斷的增加，代表從遊戲開始執行到目前為止的時間。

　　程式碼寫好之後，記得先按下 Ctrl-S 存檔，然後再進行其他步驟。

　　在階層窗格點選【UI 控制】，然後將【畫面文字】用滑鼠拖曳到【測試程式】程式碼的【結果文字】去：

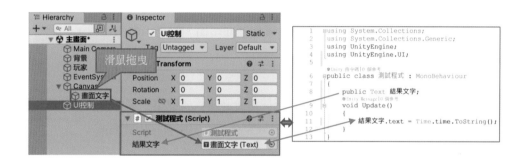

　　經過以上動作，會將【測試程式】裡面的【結果文字】物件直接與【畫面文字】物件作連結，於是【測試程式】程式碼裡面的【結果文字】就是使用者界面裡的【畫面文字】。第 8 行的程式碼因為前面有加上 public 關鍵字，代表可以被其他物件使用，所以會顯示在檢查器窗格，讓人可以編輯裡面的內容，於是我們才可以將【畫面文字】利用拖曳方式指定給【結果文字】。

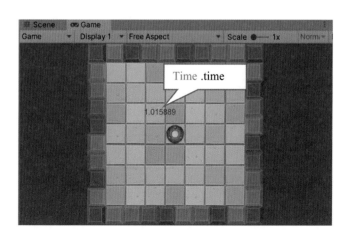

按下 ▶ 播放程式，其執行結果如左圖所示，【顯示文字】會不斷跳動，顯示遊戲開始執行到現在為止所經過的全部時間。如果要停止遊戲，請再按一次 ▶ 即可。

2.7 敘述

　　撰寫程式的目的是告訴電腦你要它做什麼，而告訴電腦什麼事情的指示被稱之為敘述（statement）或命令（command）。程式是由敘述所組成，電腦會依照敘述的順序去執行程式設計師交給它的任務。電腦能夠做的事情很多，不同的指令（instruction）代表不同的動作，而敘述則是將指令依據適當的文法組合起來，讓電腦依據指示完成任務。

　　例如：

```
print(" 你好 ");
```

　　print(" 你好 "); 本身是一行敘述，它的指令是呼叫 print( ) 方法，而 print("…") 方法則會將一串文字或數字在 Unity 的控制台 [Console] 窗格裡面印出。於是上面這行敘述的意思就是叫電腦在控制台窗格裡面印出 " 你好 " 字樣。

　　關於敘述有幾項需要特別注意的地方：

1. 依據 C# 的程式文法，每一行敘述都應使用分號；代表敘述結束。指令與各個符號與資料之間必須使用空格隔開，隔幾個空白或空行並沒有影響。因此寫成：

```
print
   (" 你好 ")
      ;
```

   其意義與 print(" 你好 "); 完全相同，編譯器在見到分號時才會將這一行敘述結束，將它寫成三行和寫成一行是一樣的意思。

2. 敘述會忽略多重空格，所以 print(" 你好 "); 和 print (" 你好 ") ; 是一樣的意思。專業程式設計師經常使用空格來編排程式碼，讓它更容易閱讀也更容易維護與修改。

3. 一行文字裡面可以放超過一項以上的敘述。例如：

```
print(" 你好 "); print(" 恭喜你及格了 ");
```

   在一行文字裡面寫兩行敘述是合法的，然而實作時通常一行文字裡面只會寫一行敘述。

4. 大括號 { } 標起來的敘述代表它們是需要一起被執行的。意思是說，要就執行 { …. }

裡面全部的敘述，要就完全不執行 {....} 裡面任何一行敘述。例如：

```
if ( 分數 >= 60)
{
    print(" 及格 ");
    及格人數 = 及格人數 + 1;
}
```

以上的程式碼當中，{ } 的範圍裡面一共有兩行敘述，第一行印出及格字樣第二行則是設定讓及格人數加 1。而且當分數大於等於 60 分時要就同時執行這兩行敘述，一行都不能少。萬一分數沒有大於 60 分，則這兩行敘述將完全不執行。

```
1   using System.Collections;
2   using System.Collections.Generic;
3   using UnityEngine;
4   using UnityEngine.UI;
5
    Unity 指令碼|0 個參考
6   public class 測試程式 : MonoBehaviour
7   {
8       public Text 結果文字;
        Unity Message|0 個參考
9       void Update()
10      {
11          結果文字.text = Time.time.ToString();
12      }
13  }
```

以【測試程式】的程式碼來看，它被大括號分成了二個區塊，第一個區塊是 6～13 行測試程式類別定義部份，第二個區塊是 9～12 行 Update() 方法宣告部份，如左圖所示。

2.8 資料型態

一般應用程式的目的幾乎都是處理或轉換資料，而程式語言的各種命令也多半與資料有關。使用者輸入資料之後，程式依據資料的特性以及使用者的目的來轉化資料，最後才將處理過的結果在畫面上顯示出來。要在程式當中使用資料，必須先宣告存放資料的變數名稱與資料型態，程式當中再透過這些變數的名字來進行存取。變數可以視為裝資料的容器，就如同裝水和裝衣服需要使用不同的容器一樣，為了裝進不同種類的資料，我們必須宣告變數為不同的類型，以提供不同的容器。

因此，變數可以視爲記憶體當中某個用來存放資料的位置，這個位置可以由程式設計師自行命名，並指定要存放何種類型的資料。變數在使用之前一定要先經過宣告，否則將無法使用。在使用變數時，我們經常做的事情包含 (1) 宣告變數型態，(2) 指定數值給變數，(3) 將變數與其他變數或數值做運算，(4) 將變數的值指定給別的變數或拿去給其他敘述使用。

宣告變數的語法
資料型態 變數名稱 1, 變數名稱 2, 變數名稱 3, …, 變數名稱 n;

資料型態是 C# 語言當中的關鍵字，用來表示即將宣告的變數是屬於何種型態。變數名稱可以是使用者自定的任意名稱，這些名稱不得與系統關鍵字相同，否則編譯器會無法分辨誰是命令、誰是變數而引發錯誤。變數的名稱僅能包含底線 (_) 以及中英文字母與數字，不可以包含空格與符號，而且變數第一個字母僅能是中英文字或底線，不得是數字。同名但不同大小寫將被視爲是不同的個體，例如 MyName 與 myname 會被當成兩個不同的變數。如果一行命令宣告一個以上的變數時，不同變數之間要使用逗號 (,) 隔開。除了特殊命令之外，每一行程式碼都要使用分號 (;) 做結尾，絕對不可以省略，否則會引發錯誤。請記得，逗號 , 用來分隔項目，小括號 () 用來包含一組相關的項目。

以下是一些簡單的例子：

```
int 甲 , 乙 ;              // 設定兩個整數
int 丙 = 10;              // 設定一個初值為 10 的整數
```

int 是一個命令（或稱關鍵字），用來宣告整數資料型態變數，甲與乙則是自己命名的整數變數。至於第二行程式碼的丙則是利用 = 10 來指定它一開始的值是 10。雙斜線 // 之後直到行尾的全部文字代表註解，這些文字將不會被執行。

C# 常用的變數型態有以下幾種：

資料型別	空間	儲存範圍	精確度
int（整數）	4 Bytes	-2, 147, 483, 648～2, 147, 483, 647	
long（長整數）	8 Bytes	-9, 223, 372, 036, 854, 775, 808～9, 223, 372, 036, 854, 775, 807	
byte（無號位元組）	1 Byte	0～255	
float（浮點數）	4 Bytes		7 位數
double（倍精確度）	8 Bytes		15～16 位數
decimal（貨幣）	16 Bytes	-7.9e28 至 7.9e28	28～29 有效位數
bool（布林）	1 Byte	true 或 false	
char（字元）	2 Bytes	Unicode 16 位元字元	
string（字串）		一連串文字	

　　遊戲設計較常使用的是 int、long、float、bool 以及 string。

　　遊戲通常都需要執行速度，因此能夠使用簡單的資料型態就不要使用複雜的資料型態。例如我們能夠使用整數就不要使用浮點數，因為整數計算速度快；如果能夠使用浮點數就不要使用倍精確度，因為浮點數的計算速度比較快。遊戲程式通常允許計算有小幅誤差，只要眼睛看不出來就好，而眼睛卻很容易被欺騙。例如 1 公尺長和 1.001 公尺長的武器玩家根本分辨不出來，也就是說長度算錯一兩公厘根本不是問題，精確度沒有想像中重要，反而執行速度比較受玩家注重。

　　以下是一些變數宣告的例子：

```
int 敵人數目 = 10, 分數 = 0, i, j, k;
float 速度 = 1.5f;
string 姓名;
bool 過關成功;
```

　　在數字之後接上小寫的 f 的目的是告訴編譯器那個數值是浮點數 float，如 1.5f 是浮點數 1.5 的意思。

　　變數的值可以被更改，不能更改值的則稱為常數。常數的宣告方式是：const *資料型態 常數名稱* ,..;

　　例如：

```
const double PI = 3.1416;
```

以上宣告一個 double 常數 PI，它的值不能被更改，永遠都是 3.1416。

int 資料型態：

int 用來設定整數資料型態，亦即資料是不含小數點的整數數字。C# 的整數是 32 位元長度，能夠存放介於 2,147,483,648 到 +2,147,483,647 之間的值，大約是正負 21 億左右。這個大小在一般情況下還算夠用，但若數字再大一點則會發生溢位錯誤。如果想要使用 64 位元長度的整數，可以將 int 改成 long，此時數值的範圍將介於 9,223,372,036,854,775,808 到 +9,223,372,036,854,775,807 之間。除了 long 之外，也可以使用 short，代表要宣告 16 位元的短整數。

```
int 成績 ;              // 定義一個叫 成績 的 32bit 整數
long 獎學金 ;           // 定義一個叫 獎學金 的 64bit 整數
short 工作時間 ;        // 工作時間 是 16bit 短整數
```

float, double 資料型態：

float 與 double 這兩種資料型態用來存放有小數點的數字。在 C# 語言當中，float 是有效位數較短的浮點數而 double 則是有效位數加倍的浮點數。

```
float 速度 = 1.234f;
double 距離 = 1.2345678e3, 容量 ;
```

浮點數支援科學記號的寫法，10 的多少次方使用 e 來代表，例如 1.234e3 是指 1.234×10^3 的意思。

char 資料型態：

英文當中每一個字是由多個字母所組成，而字元資料型態就是用來存放一個單獨的英文字母，在程式當中使用兩個單引號 (') 夾住一個英文字母來表達一個字元。例如 Hello 是由 'H', 'e', 'l', 'l', 'o' 等 5 個字母所構成。C# 的 char 資料型態除了英文字母之外，也可以存放中文字母。

```
char 甲 = 'H', 乙 , 丙 = 65, 丁 = '\n', 戊 = ' 喵 ';
```

以上程式碼宣告了甲，乙，丙，丁，戊等五個字元變數，其中 甲 的初值是大寫的 'H'，乙 沒有指定初值，丙 的初值是數字 65，丁 的初值則是換行符號，戊 的初值則是中文的 '喵' 字。

字元資料裡面有一種特殊類型的資料，用來代表特殊的意義，這些資料表達的方式是採用反斜線 \（被稱爲跳脫字元）加上英文字母而成。常見的特殊字元有：

'\n': 換行

'\t': 跳格，相當於鍵盤上的 TAB 按鍵

'\\': 反斜線

'\'': 單引號

'\"': 雙引號

列舉型態：

列舉型態可以讓程式設計者以更直覺的方式增加程式的閱讀性。例如角色的設定，武器、道具的種類等等。列舉型態必須在方法外面宣告，其語法如下：

```
enum 列舉型態名稱 [: 整數型別 ]
{
    成員名稱 1 [ = 起始值 ],
    成員名稱 2 [ = 起始值 ],
    . . .
}
```

以下面程式爲例（請參考 [Assets/ 第二章 / 測試程式 2.cs]）：

```
1    using System.Collections;
2    using System.Collections.Generic;
3    using UnityEngine;
4    using UnityEngine.UI;
     ⊕ Unity 指令碼 | 0 個參考
5    public class 測試程式 : MonoBehaviour
6    {
         3 個參考
7        public enum 角色類型 { 玩家, NPC, 敵人, BOSS }
8        public Text 結果文字;
9        public 角色類型 某甲 = new 角色類型();
     ⊕ Unity Message | 0 個參考
10       void Start()
11       {
12           某甲 = 角色類型.玩家;
13           結果文字.text = 某甲.ToString();
14       }
15   }
```

　　第 7 行宣告名為【角色類型】列舉型別，【角色類型】有玩家、NPC、敵人、BOSS 等四種。在第 5 行的位置（意即在測試程式類別之外）宣告的列舉類型，可以在測試程式類別任意位置使用。而程式碼的 public 字樣，則允許角色類型被其他程式使用（亦即公用或共用）。

　　第 9 行宣告【某甲】變數是 public 公用的角色類型列舉型別，並利用 new 指令配置記憶體空間，而 new 角色類型 () 則意指配置角色類型列舉型態的記憶體空間。凡是列舉型別變數當成一般變數在使用時，一定要先使用 new 列舉型態 (); 命令之後才能使用它，因此在第 9 行後面才會有 new 角色類型 () 這行指令。一般基本資料型態如 int、float、double、string、bool…等宣告的變數，則不必使用 new 關鍵字配置記憶體空間。由於【某甲】為公用，因此會顯示在檢查器窗格之中。

　　第 10 行我們將原本的 void Update() 換成了 void Start()，意思是這些程式碼只會在遊戲開始時執行一次，而不會每張畫面渲染前執行。

　　第 12 行指定【某甲】是角色類型的玩家（角色類型 . 玩家）。

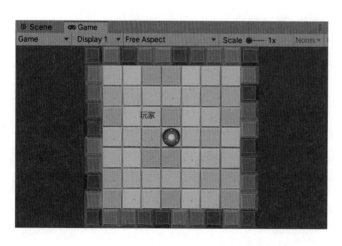

第 13 行指定結果文字的 text 屬性是【某甲】轉換成文字，於是遊戲畫面會顯示【某甲】的值，如左圖所示。

讀者可以到檢查器窗格當中，點選某甲的下拉式選單，可以看到它可以選擇玩家、NPC、敵人、BOSS 等四種角色。以遊戲程式寫作而言，某家的值是什麼數值並不重要，重要的是它代表的角色，這就是列舉型態最主要的用途。

如果在宣告列舉型態變數時指定它的初始值，則不必使用 new 關鍵字，如下圖程式碼第 9 行所示。而下圖的程式碼則會在遊戲當中，顯示檢查器窗格裡面使用者設定的【某甲】值。

```
5    public class 測試程式 : MonoBehaviour
6    {
         2 個參考
7        public enum 角色類型 { 玩家, NPC, 敵人, BOSS }
8        public Text 結果文字;
9        public 角色類型 某甲 = 角色類型.BOSS;
         Unity Message|0 個參考
10       void Start()
11       {
12           結果文字.text = 某甲.ToString();
13       }
14   }
```

```
public enum 角色類型 { 玩家, NPC, 敵人, BOSS }
public Text 結果文字;
public 角色類型 某甲 = 角色類型.
  Unity Message|0 個參考
void Start()
{
    結果文字.text = 某甲.ToStri
```
BOSS　角色類型.BOSS = 3
NPC
敵人
玩家

讀者應會發現在輸入角色類型.的時候，系統自動出現選單讓你選擇角色類型，這種特性除了增加閱讀性之外，更有利於大型程式開發時降低系統的複雜程度。

　　因此列舉型別讓我們可以自行定義一些要使用到的事物，並且給予他們有意義的名稱，更有利於設計複雜程式。

2.9 類別與物件

　　最早程式語言使用變數是為了存取資料，後來發現資料歸納整理之後更易於使用，於是就產生了結構（struct）的概念，現今主流程式語言幾乎都支援結構。結構的想法是將相關的資料用一個容器包裝起來，若在定義變數時指定其資料型態是結構的話，就可以利用變數的方式來存取結構化的資料。經過時間的演化，人們將結構概念逐漸擴充以增加更多功能，最後演變出類別（class）的觀念，是物件導向程式語言核心概念之一。

```
1  ⊟public class 測試程式
2   {
3
4   }
```

Unity 使用的 C# 屬於物件導向程式語言的一種，故以類別為基礎以撰寫程式。以 C# 程式語言來說，【測試程式】的結構最初長相如左圖所示

class 宣告了測試程式的類別，而 public 字樣則允許此類別被其他程式使用。類別的宣告範圍是在左右大括號 { } 之間，也就是 2 到 4 行之間的區域。

```
1  ⊟using System.Collections;
2   using System.Collections.Generic;
3   using UnityEngine;
      ⊕ Unity 指令碼 (1 個資產參考) | 0 個參考
4  ⊟public class 測試程式 : MonoBehaviour
5   {
6
7   }
```

由於【測試程式】類別要使用作業系統與 Unity 一些功能，因此在類別宣告之前，必須告訴編譯程式我們想要使用哪些功能（命名空間），於是程式碼變成左圖所示。

上圖當中 1～3 行告訴編譯器我們要使用的功能，它並不屬於【測試程式】的宣告內容。第 4 行程式碼多了一小段文字：MonoBehaviour，它的意思是說【測試程式】這個類別以 MonoBehaviour 類別為樣板來增加新的功能進去，它有個專有名詞叫做繼承，現在不知道繼承沒有關係，曉得有這件事情就好。【測試程式】是我們自行命名的類別，繼承自 Unity 系統裡面的 MonoBehaviour 類別，所以才要加上 using UnityEngine; 命令（第 3 行程式碼），以便讓編譯器知道我們的意圖。

```
1  ⊟using System.Collections;
2   using System.Collections.Generic;
3   using UnityEngine;
4   using UnityEngine.UI;
      ⊕ Unity 指令碼 (1 個資產參考) | 0 個參考
5  ⊟public class 測試程式 : MonoBehaviour
6   {
       2 個參考
7      public enum 角色類型 { 玩家, NPC, 敵人, BOSS }
8      public Text 結果文字
9      public 角色類型 某甲 = 角色類型.BOSS;
       ⊕ Unity Message | 0 個參考
10 ⊞   void Start() ...
14  }
```

隨著撰寫程式的過程，【測試程式】變成了左圖的樣子。【測試程式】這個類別裡面宣告了四個類別成員，分別是【角色類型】、【結果文字】、【某甲】以及 Start() 方法

上圖【測試程式】類別中四個成員又可以區分為 (1) 資料成員【結果文字】與【某甲】，(2) 列舉成員【角色類型】以及 (3) 功能函數【Start()】，功能函數亦可稱之為方法（method）。

```
5   public class 測試程式 : MonoBehaviour
6   {
       點擊收合
7       public enum 角色類型 { 玩家, NPC, 敵人, BOSS }
8       public Text 結果文字;
9       點擊展開 角色類型 某甲 = 角色類型.BOSS;
10      void Start()...
14  }
```

Visual Studio 編輯器點選 ⊟ 可以收合程式區段，點選 ⊞ 可以展開程式區段。10～13 行程式碼即為收合狀態。

```
1   using System.Collections;
2   using System.Collections.Generic;
3   using UnityEngine;
    0 個參考
4   public class 我的類別
5   {
6
7   }
    Unity 指令碼 (1 個資產參考) | 0 個參考
8   public class 測試程式 : MonoBehaviour
9   {
       Unity Message | 0 個參考
10      private void Start()
11      {
12
13      }
14  }
```

現在介紹類別的運作方式。左圖所示程式碼宣告了兩個類別，分別是 4～7 行【我的類別】以及 8～14 行【測試程式】。public 關鍵字讓【我的類別】可以被別人使用，稍後會在【測試程式】裡面使用【我的類別】。第 4 與第 8 行不加上 public 關鍵字亦可正常運作，加上 public 後則可被其他命名空間程式所使用。private 關鍵字則宣告 Start 僅能內部使用。

在【測試程式】裡面輸入「我」字，則 Visual Studio 會猜測你是不是要使用【我的類別】這個類別，代表【我的類別】已經定義完成並可以使用了。

```
1   using ...
    1 個參考
4   public class 我的類別...
    Unity 指令碼 (1 個資產參考) | 0 個參考
8   public class 測試程式 : MonoBehaviour
9   {
10      我的類別 學生;
        Unity Message | 0 個參考
11      private void Start()...
15  }
```

修改程式碼，左圖第 10 行命令的意思是宣告【我的類別】類別的【學生】物件，因此學生將具備我的類別所宣告的全部成員。

宣告 int、float…等基本資料型態項目稱之為變數，例如 int 成績；當中的【成績】是變數；如果宣告類別資料型態，則稱之為物件（object），例如上例的【學生】被稱之為物件，此外程式中傳遞資料的項目稱之為參數。Visual Studio 的程式編輯器則利用不同顏色區分不同的類型，藍綠色用來表示我的類別為類別名稱。

```
 8  ⊟public class 測試程式 : MonoBehaviour
 9   {
10       我的類別 學生;
         ◎Unity Message|0 個參考
11  ⊞    private void Start()...
15   }
```

現在【測試程式】內已有兩個成員，一個資料成員【學生】以及一個 Start() 方法。

　　【學生】與 Start() 同樣是類別成員，因此兩者位階相同。意思是 Start() 內程式碼能使用【學生】，此外別的程式看待【測試程式】時，【學生】與 Start() 兩者也是平等關係。

```
 1  ⊟using  ...
       1 個參考
 4  ⊟public class 我的類別
 5   {
 6       public string 姓名;
 7       int 年齡;
 8   }
      ◎Unity 指令碼 (1 個資產參考)|0 個參考
 9  ⊟public class 測試程式  ...
```

在【我的類別】裡面加上一個公有資料成員【姓名】其資料型態是字串（一串文字），以及另一個叫做【年齡】的整數型態私有資料成員。於是我的類別現在一共擁有兩個資料成員，一個是公有成員【姓名】另一個則是私有成員【年齡】。

　　凡是加上 public 關鍵字宣告的項目都是公有成員，因此可以被其他程式使用，否則一律視為私有成員，僅能在自己類別內使用。

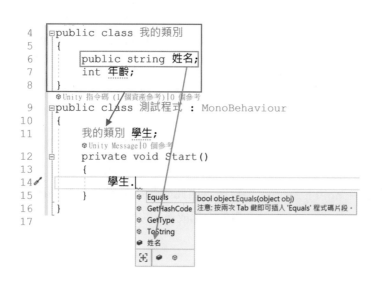

回到【測試程式】展開 Start() 進行編輯，此時可以發現當我們輸入學生.字樣時，系統提示出現了【姓名】卻沒有【年齡】，這是宣告【姓名】時使用 public 關鍵字，而宣告【年齡】時卻沒有 public 關鍵字的結果。

　　Unity 系統提供大量的類別讓程式設計者應用，大部份遊戲功能都已實作在 Unity 類別當中，學會使用這些類別就可以開發遊戲程式，初學者 C# 程式語言並不需要學到很精通。讀者未來會發現 Unity 最常使用到的 C# 命令只有 if() 等少數指令而已，學習 Unity 的 C# 程式語言並沒有想像中困難。

```
1   ⊞using ⟨...⟩
    2 個參考
4   public enum 人員 ⟨ 教師，職員，學生⟩;
    1 個參考
5   ⊟public class 我的類別
6   {
7       public 人員 身份;
8       public string 姓名;
9       int 年齡;
10  }
    ⊕Unity 指令碼 (1 個資產參考) | 0 個參考
11  ⊟public class 測試程式 : MonoBehaviour
12  {
13      我的類別 成員;
        ⊕Unity Message | 0 個參考
14  ⊟   private void Start()
15      {
16          成員.身份 = 人員.
17      }
18  }
19
```

列舉成員【角色類型】也和類別物件一樣用藍綠色來標示，它可以在類別定義之外宣告。例如左圖程式碼當中，【人員】的位階和【我的類別】以及【測試程式】相同，於是這兩個類別都能使用【人員】列舉型態。

此外可以觀察列舉型態的使用方式，應該會發現我們要用的是它裡面定義的名稱，而不是它的值（例如學生的值是 2）。

```
1   ⊞using ⟨...⟩
    2 個參考
4   public enum 人員 ⟨ 教師，職員，學生⟩;
    0 個參考
5   ⊟public class 測試程式 : MonoBehaviour
6   {
7       我的類別 成員;
        ⊕Unity Message | 0 個參考
8   ⊟   private void Start()
9       {
10          成員.身份 = 人員.學生;
11      }
        1 個參考
12  ⊟   public class 我的類別
13      {
14          public 人員 身份;
15          public string 姓名;
16          int 年齡;
17      }
18  }
```

列舉型態被標記為藍綠色，而類別也被標示成相同的顏色，代表兩者有類似的宣告特性。我們可以在類別裡面或外面宣告列舉型態，同樣的我們也可以在類別裡面或外面宣告類別，例如左圖程式碼中，【我的類別】是【測試程式】的子類別。

```
5   public class 我的類別
6   {
7       public 人員 身份;
8       public string 姓名;
9       int 年齡;
10      public int 國文, 英文, 數學;
        0 個參考
11      public int 總分()
12      {
13          return 國文 + 英文 + 數學;
14      }
15   }
        0 個參考
16  public class 測試程式 : MonoBehaviour
17  {
18      我的類別 成員;
        Unity Message|0 個參考
19      private void Start()
20      {
21          成員.
22      }
23   }
24
```

由於 Visual Studio 的智慧編輯功能十分強大，我們可以利用這些功能幫助我們了解任意物件有哪些屬性、欄位與方法可以使用。只要英文看的懂，在編輯程式時上下流覽一下提示窗格，往往可以發現物件更多潛在的功能，而這些功能則來自於原本的類別宣告。左圖程式碼當中，【成員】是【我的類別】物件，因此在輸入 成員 . 時，智慧諮詢功能會自動顯示該類別可以被其他程式使用的成員。

做到這裡，大家應該就可以清楚了解到，Unity 裡面我們就是不斷的在使用各種不同類別在做事情。而智慧諮詢出現的表列項目，就是該物件可以提供的功能。讀者在使用 Unity 類別時，僅需要觀察該表列項目，就可以得知該類別有哪些功能。

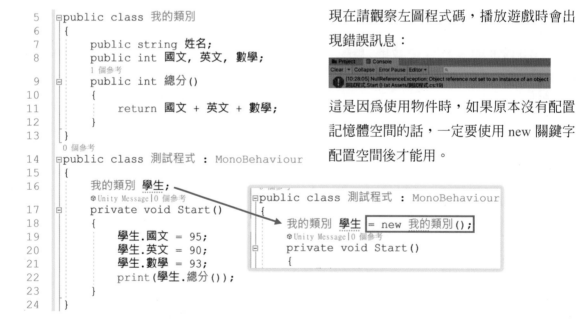

現在請觀察左圖程式碼，播放遊戲時會出現錯誤訊息：

這是因為使用物件時，如果原本沒有配置記憶體空間的話，一定要使用 new 關鍵字配置空間後才能用。

上圖程式碼紅框內的指令指定【學生】的初值為空白我的類別並配置記憶體。new 關鍵字用來指派記憶體，而 new 我的類別 (); 的目的則是向作業系統要求一塊符合我的類別使用的記憶體。於是 學生 = new 我的類別 (); 就相當於把剛才向作業系統要來的記憶體指派給【學生】

物件。

　　大家回想上一節的程式碼，在指定 結果文字 .text = …; 的時候，其實就和我們指定 學生 . 國文 = 95; 是一模一樣的行為，都是在改變物件的欄位或屬性值。未來本書將廣泛使用 Unity 提供之各種類別物件，多半使用 XX.OO 或是 XX.OO() 等格式運作，讀者一定要能看懂。

　　至於為何上一節的程式碼當中，【結果文字】不必使用 new 關鍵字也能正常運作的原因，則是因為我們在 Unity 編輯器裡已經將它和【畫面文字】連結在一起。由於【畫面文字】已經是場景 UI 的一部份，因此記憶體在遊戲開始時已配置完畢，我們就不必再 new 一塊記憶體給它使用了。

2.10　運算元與運算子

　　運算式（Expression）是由運算元（Operand）與運算子（Operator）所組成。例 如 a + b - c 這個運算式當中，a、b、c 這三個變數被稱為運算元，加號（+）與減號（-）則是運算子。

　　常見的運算子包含加法（+）、減法（-）、乘法（*）、除法（/）、以及取餘數（%），其計算優先順序比照數學四則運算方式，先乘除後加減。減號的另一個功用是取負數，例如 -x 代表 x 取負數的意思，若 x = 1 則 -x = -1，若 x = -1 則 -x = 1。

　　程式語言當中等號（=）的意思是將等號右邊的東西指派給等號左邊，它的意義與數學運算式中的等號不同。C# 的運算式裡面，a = b; 與 b = a; 在程式語言裡是不同的意思，前者意思是將 b 的值指定給 a，後者是將 a 的值指定給 b。

```
int x = -1, y = 3;
int a, b;
a = 2 * (-x) + y; //a = 2 * 1 + 3 = 5
b = 5 % 3; //b = 2
```

　　以上的例子定義了 x、y、a、b 四個整數變數。a = 2 * (-x) + y; 這個式子的意思是將等號右邊 2 * (-x) + y 的值指定給等號左邊的 a。下一行的 b = 5 % 3; 這個式子則是將 5 除以 3 取餘數的值（2）指定給 b 這個變數。

遞增與遞減運算子：

　　C# 提供了遞增（++）與遞減（--）運算子，可以讓變數在執行運算式之前或之後讓變數的值加 1 或減 1。遞增遞減運算子一般有兩種模式：

◆ 前置模式：在執行之前先將變數值加 1 或減 1 再進行運算，例如 ++i 這種寫法。

```
int i = 5, 甲;
甲 = ++i + 2; // 執行完畢時甲 =8 且 i=6
```

以上的範例當中，甲 = ++i + 2; 的執行步驟是：

1. 先執行 ++i，因此 i 的值加 1，變成 i 等於 6
2. 6 加上 2 等於 8
3. 將步驟 2 的計算結果 8 指定給甲，因此甲 =8

◆ 後置模式：在執行之後才將變數值自動加 1 或減 1，例如 i++ 這種寫法。

```
int i = 5, 甲;
甲 = i++ + 2; // 執行完畢時甲 =7 且 i=6
```

以上範例甲 = i++ + 2; 的執行步驟是：

1. 先執行 i + 2，也就是 5 + 2 等於 7
2. 將步驟 1 的計算結果 7 指定給甲，因此甲 =7
3. 執行 i++，也就是將 i 的值加 1，因此 i=6

特殊運算子：

C# 有一些特殊的運算式用來讓程式碼更精簡。

運算子	範例	含意
+=	a += b;	a = a + b;
-=	b -= 3;	b = b − 3;
*=	c *= 5;	c = c * 5;
/=	x /= 7;	x = x / 7;
%=	y %= z;	y = y % z;

以下程式碼當中的甲 += 乙；相當於執行甲 = 甲 + 乙；，也就將甲 + 乙的結果 8 重新指定給甲這個變數，最後甲等於 8。

```
int 甲 = 3, 乙 = 5;
甲 += 乙; // 本行程式碼執行完畢時甲 =8
```

邏輯運算子：

判斷邏輯條件要使用邏輯運算子，這些運算子用來判斷條件並得出邏輯的真（true）或偽（false）值。

運算子	含意
==	等於
!=	不等於
>=	大於等於
<=	小於等於
>	大於
<	小於

請特別注意，邏輯判斷的等於要使用兩個等號 == ，一個等號 = 則是將右邊的值指定給左邊的意思，初學者經常會混淆而發生錯誤。

布林運算子：

布林運算子用來連結邏輯值，以產生新的邏輯結果。

運算子	含意
||	邏輯或，OR 的意思
&&	邏輯且，AND 的意思
!	取相反邏輯值，NOT 的意思

2.11 型態轉換

不同的資料型態之間可以互相轉換，它的運用方式分為三大類：

1. 任意類型轉為字串，它的方式是 變數 .ToString()。例如：

```
string x;
int y = 10;
x = y.ToString();
```

y 是整數，使用 y.ToString() 可以將 y 值轉為字串型態傳回，於是 x = y.ToString(); 就會讓 x 的值變成 "10" 這段文字。

2. 將字串轉為任意類型，使用的是 資料類型 .Parse() 函數。例如：

```
string x = "10";
int y = int.Parse(x);
```

以上例子將 x 字串轉換為整數並且指定給 y。

3. 將數值類型轉換為其他的數值類型，其用法是使用 (資料型態) 變數。例如甲 = (float) 5/2; 的意思是先將 5 變成浮點數之後再除以 2，然後把結果存到甲變數裡。請參考以下簡例：

```
float 甲 ;
甲 = 5/2;                // 甲的值是 2.0
甲 = (float) 5/2;        // 甲的值是 2.5
float x = 10;
int y = (int) x;        // 將 x 浮點數轉換為整數並存放到 y 裡
```

以下例子將兩個數字相加之後在畫面上顯示出來：

```
1    using System.Collections;
2    using System.Collections.Generic;
3    using UnityEngine;
4    using UnityEngine.UI;
5
6    public class 測試程式 : MonoBehaviour
7    {
8        public Text 結果文字;
9        void Start()
10       {
11           int a = 5, b = 10;
12           結果文字.text = (a + b).ToString();
13       }
14   }
```

　　以上例子當中第 12 行 (a + b) 會先將 a、b 兩數相加，然後 (a+b).ToString() 讓相加的值變為字串，接著再指定到 結果文字 .text 去，於是遊戲畫面就會顯示 15。

第三章　常用的 C# 命令

3.1 條件判斷命令

　　Unity 程式設計常用的 C# 命令有條件判斷用的 if、switch 命令，以及迴圈控制的 for、while 命令這幾種。Unity 遊戲程式設計最常用的流程控制命令爲 if，它的作用是滿足特定條件就要執行哪些指令。

---

if 的語法

if (判斷條件)

{

　　判斷條件成立時要執行的程式碼

}

---

　　if 的語法相當單純，當小括號 ( ) 內判斷條件成立則執行大括號 { } 區段內程式碼，判斷條件則是能推導出眞（true）或僞（false）的邏輯運算式或 bool 資料型態變數。大括號之間可以有任意數量的程式碼，若大括號當中僅有一行程式碼的話，則可以省略大括號。此外 true 與 false 均爲 C# 關鍵字，用來代表邏輯的眞與僞。

　　if (判斷條件) 這行尾端不可以加上分號，否則左右大括號中間的部份會被視爲與 if 不相干的程式碼。

　　if (判斷條件) ← 尾端不可以加分號；

　　　{ ← 左大括號尾端絕對不可加分號

　　　　…;

　　　} ← 右大括號尾端不必加分號

　　C# 經常會使用到大括號 { }，左右大括號之間代表一個程式碼區段，可以把這整個區段想像爲一個功能超多的指令。程式區段的右大括號 } 之後通常不必以分號做結尾，然而左大括號 { 之後絕對不可以加分號，需要特別注意。

```
int a = 1, b = 2;
bool 兩數相等 = false;
if (a == b)
// 如果 a 等於 b 才要執行下列程式，請注意邏輯判斷要用兩個等號 ==
{
    兩數相等 = true;
}
```

以上 if 命令當中，由於條件成立後要被執行的程式碼只有一行，因此可以省略左右大括號，寫成下面這樣（多半的程式設計師會這樣子寫）：

```
if (a == b)
    兩數相等 = true;
```

或者寫成一行也可以（較少人使用這種寫法）：

```
if (a == b) 兩數相等 = true;
```

以下是常見 if 語法錯誤的例子：

◆ x 變數介於 0 到 100 之間

　　錯誤：if (0 <= x <= 100)

　　正確：if (x >= 0 && x <= 100)

　　意思是 x 大於等於 0 且（&&）x 小於等於 100

◆ x 的值等於 60

　　錯誤：if(x = 60)

　　正確：if(x == 60)

條件判斷一定要用兩個等號 ==。

請修改【測試程式】如下 (參考 [Assets/ 第三章 / 測試程式 3.cs])：

```
1    ⊟using System.Collections;
2     using System.Collections.Generic;
3     using UnityEngine;
4     using UnityEngine.UI;
5
     ⊕Unity 指令碼 (1 個資產參考)|0 個參考
6    ⊟public class 測試程式 : MonoBehaviour
7     {
8         public Text 結果文字;
          ⊕Unity Message|0 個參考
9    ⊟    void Start()
10        {
11            int 成績 = 90;
12            if (成績 >= 60)
13                結果文字.text = "及格";
14        }
15   }
```

　　以上程式碼在第 11 行宣告名為【成績】的整數變數（int），並且給它初始值 90。第 12 行判斷【成績】是否大於等於 60，如果是的話則在第 13 行顯示 " 及格 "。C# 裡面雙引號 "…" 夾住的文字代表字串，意即 string 資料型態的文字。

　　if 命令配合 else 關鍵字可以產生雙重判斷。當判斷條件成立的時候，執行 if 之後大括號內的命令，否則執行 else 之後大括號內的命令。請注意 else 不能單獨使用，僅能放在 if 關鍵字之後且被視為 if 命令的一部份。

if－else 的語法
if (判斷條件)
{
　　判斷條件成立時要執行的程式碼
}
else
{
　　判斷條件不成立時要執行的程式碼
}

　　以下為範例程式 (參考 [Assets/ 第三章 / 測試程式 4.cs])：

```
1    using System.Collections;
2    using System.Collections.Generic;
3    using UnityEngine;
4    using UnityEngine.UI;
5
     Unity 指令碼 (1 個資產參考) | 0 個參考
6    public class 測試程式 : MonoBehaviour
7    {
8        public Text 結果文字;
         Unity Message | 0 個參考
9        void Start()
10       {
11           int 成績 = 90;
12           if (成績 >= 60)
13               結果文字.text = "及格";
14           else
15               結果文字.text = "不及格";
16       }
17   }
```

　　以上程式碼設定如果成績大於等於 60 分則顯示及格，否則顯示不及格。本範例第 14 行
else 是當第 12 行的 if 判斷條件不成立時，要執行其後程式碼（也就是第 15 行）的意思。也就
是說，如果 12 行判斷成立則執行第 13 行的程式碼，否則執行第 15 行程式碼。

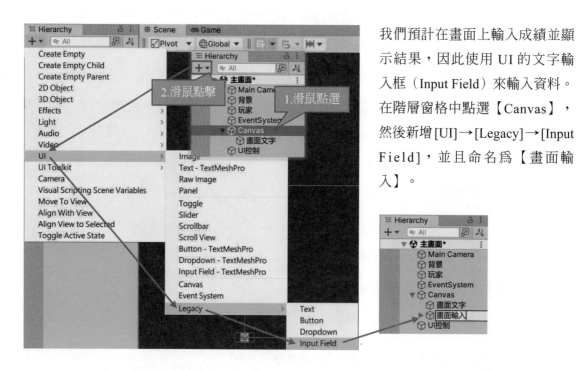

　　我們預計在畫面上輸入成績並顯示結果，因此使用 UI 的文字輸入框（Input Field）來輸入資料。在階層窗格中點選【Canvas】，然後新增 [UI]→[Legacy]→[Input Field]，並且命名為【畫面輸入】。

　　在階層窗格點選【畫面輸入】，然後到場景窗格調整其位置至自己想要的地方去：

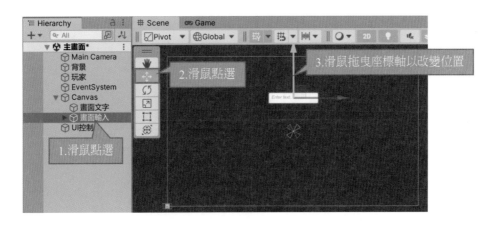

接著到檢查器窗格改變【畫面輸入】的寬度（Width）與高度（Height），建議高度改為 40 以上。高度要配合文字字體大小，如果高度太小文字太大，則無法顯示輸入的文字。

在階層窗格展開【畫面輸入】並選擇【Text(Legacy)】，接著到檢查器窗格往下捲動其內容，找到 [Character] → [Font Size] 並修改值為 20。

[Input Field] 物件包含兩個子物件，分別是 Placeholder 與 Text(Legacy)，後者為文字輸入框的本體，其屬性可以控制字型、大小與字體等設定。

更改【測試程式】如下：

```
 1    using ...
 5
        Unity 指令碼 (1 個資產參考) | 0 個參考
 6    public class 測試程式 : MonoBehaviour
 7    {
 8        public Text 結果文字;
 9        public InputField 輸入文字;
         Unity Message | 0 個參考
10        void Update()
11        {
12            if (輸入文字.text.Length > 0)
13            {
14                int 成績 = int.Parse(輸入文字.text);
15                if (成績 >= 60)
16                    結果文字.text = "及格";
17                else
18                    結果文字.text = "不及格";
19            }
20        }
21    }
```

第 9 行宣告名為【輸入文字】的 InputField 物件，用來與畫布上的【畫面輸入】做連結。

為了測試方便所以將程式碼放在 Update() 方法內（第 10 行程式碼），於是在每一次更新畫面時都會重新顯示結果。

第 12 行利用 if 命令來判斷是否【輸入文字】內容的長度大於 0，意即是否有輸入資料。如果有輸入資料，才會執行第 13～19 行之間的程式碼。輸入文字 .text 與 結果文字 .text 一樣，都是 UI 元件裡面的文字內容。程式存檔後我們會將【畫面輸入】與【輸入文字】做連結，於是 輸入文字 .text 就是【畫面輸入】的輸入值了，其資料型態為字串 (string)。由於字串都有 Length 屬性，代表文字的長度，所以輸入文字 .text.Length 就是【輸入文字】裡面輸入值的長度。讀者不妨嘗試一下，  是可以順利輸入的，" 你好 ". Length 代表 " 你好 " 字串的長度。

第 14 行 int 成績 宣告【成績】為整數變數，並且 = int.Parse(輸入文字 .text) 設定其初值為【輸入文字】的內容轉換成整數的值。int.Parse() 方法可以將括號內的文字部份 (輸入文字 .text) 轉換為整數，剩下的程式碼於先前已經解釋過，不再贅述。至於【輸入文字】為何要用 InputField 類別宣告的原因，則是當初【畫面輸入】使用 InputField 做出來的 (原本在階層窗格新增 [UI] → [Legacy] → [Input Field])。

再度強調一下，void Start() { … } 裡面的程式碼，只會在遊戲開始時執行一次；放在 void Update() { … } 裡面的程式碼則會在每次畫面更新時執行。

程式碼存檔後，到階層窗格內點選【UI 控制】，接著將【畫面輸入】拖曳到【輸入文字】去，以便讓 UI 畫布的【畫面輸入】與【測試程式】內【輸入文字】物件做連結。

　　Unity 編輯器廣泛使用上圖的操作方式進行物件連結。我們在程式當中要使用其他遊戲物件時，只需要在程式裡面設定以 public 關鍵字宣告的物件，就可以在 Unity 編輯器利用拖曳方式直接將它和程式做連結了。此種操作方法一定要記起來，非常重要。

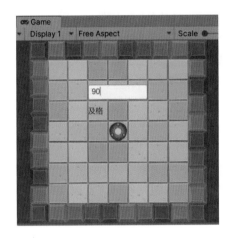

遊戲播放後執行結果如左圖所示。

讀者會發現及格與不及格會隨著輸入的過程而立即改變，例如輸入 90 分才需要顯示及格的，但是當我們輸入 9 就會顯示不及格，接著輸入 0 才會顯示及格。此種顯示方式，顯然與一般使用習慣不同。一般使用者界面通常會增加一個按鈕，按下去之後才顯示及格還是不及格，我們將在下一節增加這個功能。

3.2 按鈕與事件

　　比照前一節的方式，在階層窗格點選【Canvas】，按下 **＋▼** 後選擇 [UI] → [Legacy] → [Button]，並且將它命名為【執行】。由於新增 UI 物件已介紹過兩次，未來將不再以圖示說明。

調整【執行】按鈕位置至自己覺得合適的地方。

【執行】按鈕與【畫面輸入】類似，裡面都有 [Text(Legacy)] 子物件，請展開【執行】物件，點選 [Text(Legacy)] 後，在檢查器窗格 [Text] → [Text] 空格輸入「確認」字樣，於是按鍵就會顯示為 [確認]。

在階層窗格點選【執行】之後，將檢查器窗格捲到最底部，然後到 On Click () 表列點選＋號，以便新增程式連結執行「當按鈕按下」時要做的事情。點選＋號後，On Click() 表列將會增加一個函數呼叫項目，如下圖所示。

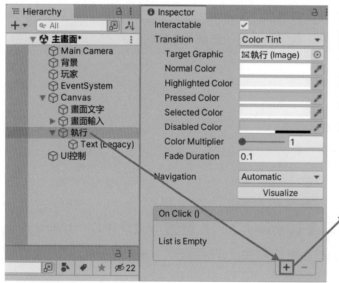

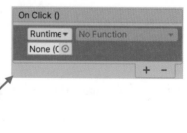

上圖中的意思是每當按下按鈕，就要執行 裡面指定的方法（函數），來處理按鈕按下去的事件。

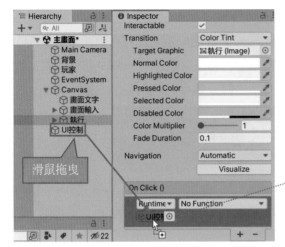

我們規劃使用【UI 控制】物件裡面的程式，來控制按鈕按下後要執行的動作，因此將【UI 控制】拖曳到 On Click() 裡去。

展開 [No Function] 可以發現目前有三個項目可以選擇，其中 [測試程式] 正是我們加載到【UI 控制】裡面的程式。

在【測試程式】裡面加入處理按鈕按下的程式。假設【測試程式】裡面用來處理按鈕動作的方法叫做 完成 ()。更改程式碼的方法很簡單，直接將 void Update() 改為 public void 完成 () 即可（參見 [Assets/ 第三章 / 測試程式 5.cs]）：

```
1    ⊞using ...
5
     Unity 指令碼 (1 個資產參考) |0 個參考
6    ⊟public class 測試程式 : MonoBehaviour
7    {
8        public Text 結果文字;
9        public InputField 輸入文字;
         0 個參考
10   ⊟   public void 完成()
11       {
12   ⊟       if (輸入文字.text.Length > 0)
13           {
14               int 成績 = int.Parse(輸入文字.text);
15               if (成績 >= 60)
16                   結果文字.text = "及格";
17               else
18                   結果文字.text = "不及格";
19           }
20       }
21   }
```

以上第 10 行的 public void 完成 () 宣告一個叫做完成的方法，它不會傳回任何值 (void)，而且它是公用的 (public)，也就是說能夠被別的程式呼叫的意思。

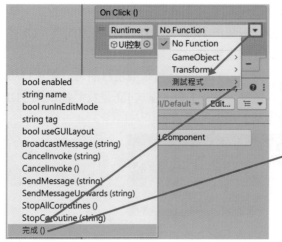

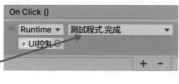

程式碼存檔之後，回到設計畫面再點選原本 [No Function] 處的選單即可找到剛才新加入的【完成】方法了，選擇 [完成 ()] 項目代表當按鈕按下去時要執行 [測試程式 . 完成] 方法。

執行遊戲以進行測試，輸入 95 之後顯示文字依舊是 New Text，並不會像之前那樣隨時改變及格或不及格。按下確認鍵之後，才會顯示為及格：

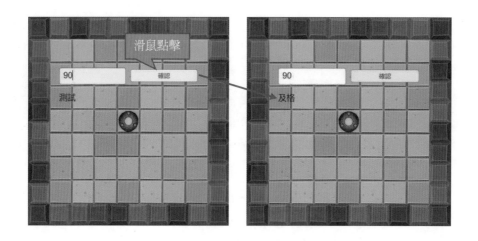

3.3 多重條件判斷

if 命令除了使用 else 關鍵字來執行雙重判斷之外，還可以配合 else if() 來產生多重邏輯判斷。當 if 裡面的判斷條件不成立時，則比對 else if() 裡的判斷條件，當這一個判斷條件不成立時再比較下一個 else if()，直到全部的條件都比對完畢為止，如果以上皆非則執行 else 裡的命令。請注意 else 只能放在全部的 else if() 之後，否則會發生編譯錯誤。此外有 else if() 不一定要有 else，有 else 也不一定要有 else if()，要以條件判斷的邏輯來選擇適合的語法。

---

if – else if 的語法

if (判斷條件 1)

{

　　判斷條件 1 成立時要執行的程式碼

}

else if (判斷條件 2)

{

　　當判斷條件 1 不成立，而判斷條件 2 成立時要執行的程式碼

}

else if (判斷條件 n)

{

當之前的判斷條件都不成立，而判斷條件 n 成立時要執行的程式碼

}

else

{

　　以上皆非時執行的程式碼

}

練 習

　　百貨公司週年慶，購買金額滿 1000 打九五折，滿 5000 打九折，滿 10000 打八五折。請輸入購買金額，並且顯示打折後金額在畫面上。

　　修改【測試程式】的【完成】方法程式碼如下（參見 [Assets/ 第三章 / 測試程式 6.cs]）：

```
 6  □public class 測試程式 : MonoBehaviour
 7   {
 8       public Text 結果文字;
 9       public InputField 輸入文字;
          0 個參考
10   □   public void 完成()
11       {
12   □       if (輸入文字.text.Length > 0)
13           {
14               int 購買金額 = int.Parse(輸入文字.text);
15               if (購買金額 >= 10000)
16                   結果文字.text = (購買金額 * 0.85).ToString();
17               else if (購買金額 >= 5000)
18                   結果文字.text = (購買金額 * 0.9).ToString();
19               else if (購買金額 >= 1000)
20                   結果文字.text = (購買金額 * 0.95).ToString();
21               else
22                   結果文字.text = 購買金額.ToString();
23           }
24       }
25   }
```

第 12 行判斷輸入文字的長度是否大於 0，如果大於 0 的話，則執行第 13～23 行的部份。

第 14 行將【輸入文字】的值轉換為整數，並指定給【購買金額】。

第 15 行判斷購買金額是否大於等於 10000，如果大於等於 10000 則執行第 16 行程式碼，設定【結果文字】的 text 屬性是【購買金額】乘上 0.85 然後轉換成文字，於是【結果文字】就會顯示 85 折的價格。

如果第 15 行判斷不成立，則購買金額一定小於 10000，然後在第 17 行判斷購買金額是否大於等於 5000，如果判斷成立，則代表購買金額大於等於 5000 且小於 10000，於是執行第 18 行程式碼，顯示 9 折後的價格。

如果第 17 行判斷依舊不成立，則【購買金額】一定小於 5000，然後在第 19 行判斷【購買金額】是否大於等於 1000。如果判斷成立，則代表購買金額大於等於 1000 且小於 5000，於是執行第 20 行程式碼，顯示 95 折的價格。

如果 19 行判斷依舊不成立，則執行第 21 行 else 之後的命令，此時購買金額一定小於 1000，所以執行第 22 行程式碼顯示未打折的價格。

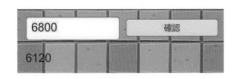

執行結果如左圖所示。

3.4 選擇條件

　　雖然 if – else if 命令可以用來做多重條件判斷，但是使用起來依舊有些冗長，因此 C# 語言提供了 switch 命令，用來依據特定值來選擇要執行的程式碼。

```
switch 的語法
switch ( 運算式 )
{
    case 比對值 1:
        運算式的結果等於比對值 1 時要被執行的程式碼
        break;
    case 比對值 2:
        運算式的結果等於比對值 2 時要被執行的程式碼
        break;
    …
    case 比對值 N:
        運算式的結果等於比對值 N 時要被執行的程式碼
        break;
    default:
        以上皆非時要被執行的程式碼
        break;
}
```

　　switch() 命令是依據小括號裡面運算式的結果來執行，由第一個 case 開始逐步比對下去，當運算結果等於比對值時則執行 case 比對值 : 以後的指令，直到遇見 break; 命令為止。如果沒有任何一個比對值成立，則執行 default: 區段的程式碼。請注意，每一個值的程式區段都要以 break; 結尾，初學者經常因為忘記這件事情而引起各種錯誤。

　　假設成績 90～100 分等級為 A，80～89 分等級為 B，70～79 分等級為 C，60～69 分等級為 D，其餘等級為 F。以下程式碼可以完成上述使命 (參見 [Assets/ 第三章 / 測試程式 7.cs])：

```
10        public void 完成()
11        {
12            if (輸入文字.text.Length > 0)
13            {
14                int 成績 = int.Parse(輸入文字.text);
15                switch (成績/10)
16                {
17                    case 10:
18                    case 9:
19                        結果文字.text = "A";
20                        break;
21                    case 8:
22                        結果文字.text = "B";
23                        break;
24                    case 7:
25                        結果文字.text = "C";
26                        break;
27                    case 6:
28                        結果文字.text = "D";
29                        break;
30                    default:
31                        結果文字.text = "F";
32                        break;
33                }
34            }
35        }
```

以上程式碼當中，第 12 和 14 行已經解釋過，未來不會多做說明。第 15 行執行 switch 命令，其比對用的運算式是 成績 /10 。由於成績和 10 都是整數，所以相除的結果會採用無條件捨去法變成整數，例如 95/10 的結果為 9 而不是 9.5。switch 命令的範圍是 16〜34 行。

第 17 與 18 行程式是 switch 命令的特殊用法，亦即運算式的值為 10 或者 9 的話，都要執行 case 9: 指定的程式碼，也就是第 19 行程式，指定【結果文字】的 text 屬性為 "A"。於是遊戲畫面就會顯示 A 字了。第 19 行程式執行完畢，見到第 20 行的 break; 就會直接跳出 switch 命令範圍（第 33 行）而不會執行剩下的 switch 程式碼。

第 21〜29 行程式碼運作方式與 18〜20 行一樣，如果依序比對運算式的結果都沒有比對成功的話，剩下的成績必然不及格，因此執行 default: 的部份也就是第 31 行，接著遇到第 32 的 break; 而結束 switch 命令。

執行結果如左圖所示。

3.5 for 迴圈

反覆執行某一段程式碼的機制被稱之爲迴圈。對大多數程式語言來說，最基本的迴圈命令是 for 迴圈，它主要的用途是讓程式依據某種事先規劃好的次數反覆執行。

---

for 的語法

for (起始條件 ; 繼續條件 ; 迴圈增減方式)

{

　　要被反覆執行的程式碼

}

---

for 迴圈當中通常會設定一個變數，用來控制現在迴圈執行到了哪裡。例如現在要處理 100 筆資料，總要有個變數來表示現在進行到第幾筆資料，因此迴圈結構會設定一個控制變數，用來控制是否繼續執行下去。與 if 命令類似，如果需要被反覆執行的程式碼只有一行的話，可以省略左右大括號。此外一定要注意，起始條件、繼續條件以及迴圈增減方式之間一定要用分號 ; 隔開，否則會出現錯誤。

由例子來看 for 迴圈會比較易於了解其語法。以下這個例子計算 1+2+3+⋯+100 的值，答案會放在 總數 這個變數裡：

```
int 總數 = 0, i;
for (i=1; i<=100; i++)
    總數 = 總數 + i;
```

以上程式碼當中的 i 就是控制變數，用來控制 for 迴圈的開始、結束以及增減方式。迴圈開始執行時，i 的初始值爲 1，只要 i<=100 就會執行 總數 = 總數 + 1;，執行 總數 = 總數 + 1; 後 i 的值會自動加 1（i++ 的意思是將 i 值加上 1），接著再測試 i<=100 以決定是否要執行 總數 = 總數 + 1;，反覆執行直到 i<=100 不成立爲止。程式設計領域有個不成文的慣例，凡是 for 迴圈的控制變數通常叫做 i，如果形成巢狀迴圈（for 裡面還有 for），則第二個控制變數往往叫做 j。

因此，for (i=1; i<=100; i++) 的起始條件是 i=1，也就是設定迴圈的控制變數是 i 且由 1 開始。緊接著，i<=100 是繼續條件，意思是 i 小於等於 100 的時候都要執行。最後則是 i++，意

思是指迴圈每次反覆執行的時候 i 的值都固定加 1。所以這整行命令代表的是一個控制變數為 i 的迴圈，它由 1 開始到 100 結束，每次迴圈的值都加 1。請注意，起始條件、繼續條件、以及迴圈增減方式等三個運算式之間一定要用分號區隔開，否則會發生錯誤。

　　控制變數也可以改在 for() 命令中宣告，此時控制變數只能在迴圈裡面使用，離開迴圈後控制變數將自動消失，此種控制變數的宣告方法是 for 迴圈最常見的使用方式：

```
int 總數 = 0;
for (int i=1; i<=100; i++)
    總數 = 總數 + i;
```

　　以下是一個由 a 加到 b 的程式碼：

```
以下程式碼計算由 a 加到 b 的結果：
int 總數 = 0, a = 5, b = 6;
for (int i = a; i <= b; i++)
    總數 = 總數 + i;
```

　　以上計算 a 加到 b 的程式碼執行過程如下：

1. 執行 int 總數 = 0, a = 5, b = 6;
2. 執行 for (int i = a; i <= b; i++)

    step1：設定宣告控制變數 i 並給予初始值為 a，由於 a = 5，所以 i 的初值為 5

    step2：檢查 i <= b，此時 i=5 且 b=6，i 的值小於 6，故 i <= b 成立，因此 step3: 要執行迴圈命令。

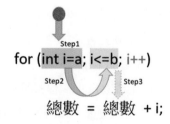

3. 因為 i <= b 成立，因此需要執行 總數 = 總數 + i;

    → 將 總數 值 0 加上現在的 i 值 5 得到總和是 5

    → 將 5 指定給 總數

4. 回到 for (int i = a; i <= b; i++) 重新執行

　　→ step1：執行 i++，此時 i 的值等於 5+1=6

　　→ step2：檢查 i <= b，此時 i=6 且 b=6，i 的值等於 6，故 i <= b 成立，因此 step3: 要執行迴圈命令。

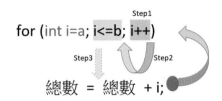

5. 因為 i <= b 成立，因此需要執行 總數 = 總數 + i;

　　→將 總數 值 5 加上現在的 i 值 6 得到總和是 11

　　→將 11 指定給 總數

6. 回到 for (int i = a; i <= b; i++) 重新執行

　　→ step1：執行 i++，此時 i 的值等於 6+1=7

　　→ step2：檢查 i <= b，由於此時 i=7 且 b=6，i 的值大於 6，故 i <= b 不成立，因此 step3：離開迴圈。

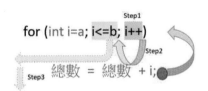

7. 因為 i <= b 不成立，因此迴圈結束，此時 總和 的值是 11 且 i 變數因離開迴圈而消失，接著執行迴圈之後的命令。

回到【測試程式】修改程式，以下程式碼將由 1+2+3+…. 加到指定的值為止，並顯示在畫面上（參見 [Assets/ 第三章 / 測試程式 8.cs]）：

```
10      public void 完成()
11      {
12          if (輸入文字.text.Length > 0)
13          {
14              int 結束值 = int.Parse(輸入文字.text);
15              int 加總 = 0;
16              for (int i = 1; i <= 結束值; i++)
17                  加總 += i;
18              結果文字.text = 加總.ToString();
19          }
20      }
```

第 14 行程式碼宣告【結束值】為畫面上輸入的文字並轉換為整數。第 15 行宣告整數變數【加總】，並設定初始值為 0。

第 16 行產生一個由 1 到【結束值】的迴圈，每一次迴圈都要執行第 17 行的命令 加總 += i;。也就是將【加總】加上 i 值之後，再指定給【加總】變數 (相當於 加總 = 加總 + i;)，於是就可以產生累加效果。

執行遊戲，在畫面上輸入 200，也就是 1 加到 200 的意思，按下確認鍵後執行結果如左圖所示。

3.6 while 迴圈

for 迴圈主要用來反覆執行固定次數的程式碼，至於不固定執行次數的迴圈則有 while 迴圈與 do - while 迴圈兩種。針對無法事先得知要做幾次的迴圈，可以使用 while 命令先判斷條件再決定是否要反覆執行整段程式。

---

while 的語法

while(判斷條件)

{

　　當判斷條件成立時要被反覆執行的程式碼

}

---

while 命令的運作方式是一開始先檢查判斷條件是否成立，如果成立則執行兩個大括號 {} 之間的程式碼，當全部程式碼執行完畢時，再跳回到 while (判斷條件) 的地方重新判斷，如

果判斷條件成立則再執行，如此反覆執行到判斷條件不成立為止。如同 if () 命令一樣，while
() 這一行的尾端不可以加上分號，且右大括號 } 的尾端也不必加上分號。

以下是用 while 命令實作 1 加到 100 的例子：

```
int i=0, 總和 =0;
while (i < 100)
{
    i++;
    總和 = 總和 + i;
}
```

第一次執行 while (i < 100) 時會判斷 i 值是否小於 100，由於一開始 i 值等於 0，因此第一
次 while 判斷條件一定會成立，於是就會進入 {} 區塊執行程式。區塊的 i++; 指令會讓 i 值加 1，
於是每次進入 {} 區塊時 i 值都會自動加 1。當執行完 總和 = 總和 + i; 的時候，程式會跳回到
while (i < 100) 這一行重新判斷 i 值是否小於 100，若是小於 100 的話則反覆執行，否則直接省
略全部的大括號部份不執行。利用這個方法，同樣可以做出類似 for 迴圈的效果。

以下例子計算 1+2+3+… 加到特定值的和（參見 [Assets/ 第三章 / 測試程式 9.cs]）：

```
10          public void 完成()
11          {
12              if (輸入文字.text.Length > 0)
13              {
14                  int 結束值 = int.Parse(輸入文字.text);
15                  int 總和 = 0, i = 0;
16                  while (i < 100)
17                  {
18                      i++;
19                      總和 += i;
20                  }
21                  結果文字.text = 總和.ToString();
22              }
23          }
```

以上程式碼已經解釋過，不再重複說明，程式執行結果如左
圖所示。

3.7 do – while 迴圈

之前介紹的 for 與 while 命令都是先測試再決定是否要執行迴圈，被稱之為前測迴圈，與之相反的則是先執行到最後才測試的 do – while 迴圈，也被稱之為後測迴圈。

```
do - while 的語法
do
{
    要被反覆執行的命令
} while ( 判斷條件 );
```

這個命令會直接執行 do 之後的所有程式碼到 while(判斷條件) 之處，如果判斷條件成立則立即回到 do 的地方重做一次，否則就不再重複執行迴圈而直接往下執行。請注意 while(判斷條件) 的尾端要加上分號 ; 。

以下是使用 do – while 命令實作 1 加到 100 的例子：

```
int  i=0, 總和 =0;
do
{
    i++;
    總和 = 總和 + i; // 可以寫做 總和 += i;
}  while (i < 100);
```

萬一省略 do 沒寫的話，程式編譯不會出現任何錯誤，但 while() 卻會一直做下去而陷入無窮迴圈當中無法跳離。

在資料處理時，do – while 命令經常用於檢查輸入錯誤，用來強制使用者一定要輸入正確的值才能離開。例如要求使用者輸入 0～100 之間的成績時，經常會使用類似 do { .. } while (成績 > 100 || score < 0); 一類的方式來運作，要求使用者先利用在 do{ } 裡面的程式碼輸入成績，輸入完畢後在 while() 裡面判斷，萬一輸入的值大於 100 或小於 0 則代表輸入錯誤，就再回去 do{ } 程式區段的開始處重新輸入。

以下範例同樣計算 1 加到 N 的值，只是改為 do – while 迴圈完成（參見 [Assets/ 第三章 / 測試程式 10.cs]）：

```
10          public void 完成()
11          {
12              if (輸入文字.text.Length > 0)
13              {
14                  int 結束值 = int.Parse(輸入文字.text);
15                  int 總和 = 0, i = 0;
16                  do
17                  {
18                      i++;
19                      總和 += i;
20                  } while (i < 100);
21                  結果文字.text = 總和.ToString();
22              }
23          }
```

以上程式和上一支程式原理雷同，差別在程式第一次執行到 16 行時，會無條件執行第 17~20 行之間的程式碼，直到執行至第 20 行時進行判斷，如果 i < 100 成立，則回到第 17 行重新執行，如果不成立則離開迴圈執行第 21 行程式碼。

3.8 陣列

陣列能夠將型態相同的資料集合在一起，並且使用連續記憶體空間儲存，這些被集合在一起的資料稱為「陣列元素」。同類型且大量的資料，經常使用陣列方式儲存，例如全班的成績，它全都是整數或浮點數，且希望能使用同一個名稱來存放在記憶體當中，於是就會將它宣告成一個整數或浮點陣列。由於陣列應用較為複雜，因此本書僅簡單介紹，不做深入探討。

陣列宣告方式

資料型態 [] 陣列名稱 = new 資料型態 [陣列大小];

陣列宣告方式與宣告一般變數宣告類似，差別在變數名稱之後多了左右中括號 [ ] 並且利用 new 資料型態 [陣列大小] 的方式，來宣告陣列一共可以存放幾筆資料。陣列註標從 0 開始，假設陣列大小等於 100 的話，則程式可以使用 陣列名稱 [0]～陣列名稱 [99] 共計 100 筆資料。

以下命令宣告了 1 個名稱為 x 且能存放 100 個值的整數陣列：

```
int[] x = new int[100];
```

以上程式碼宣告的 x 陣列為 x[0] 至 x[99]，共計 100 筆資料。

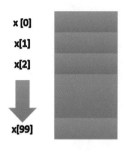

陣列相當於配置記憶體空間給同一個名稱的變數，而這個變數則類似數學上的註標，x_0, x_1, …, x_{99} 一樣，只是在程式碼裡面記為 x[0], x[1], …, x[99] 罷了。陣列的應用與數學上的應用有許多共通之處，例如：

$$sum = \sum_{i=0}^{n} x_i = x_0 + x_1 + \cdots + x_n$$

換成程式語言來思考的話，相當於把資料放在 x[] 陣列當中，然後用 for 迴圈來產生 Σ 的動作。

於是程式寫法就會類似以下這種樣子，把 x[i] 想成是 x_i 就非常好懂了：

```
for (int i=0; i<=n; i++)
    sum += x[i];
```

宣告陣列之後，使用時僅需要在陣列名稱之後加上中括號與註標值即可，例如 x[0] = 95; 會將 x 陣列當中第 0 筆資料的值設定為 95。

```
int[] 成績 = new int[3];
成績 [0] = 95; 成績 [1] = 90; 成績 [2] = 100;
```

以上程式碼宣告了一個叫做 成績 的整數陣列，擁有 成績 [0]、成績 [1]、成績 [2] 等 3 個成員。

第四章　完成第一個 2D 遊戲專案

4.1 Unity C# 程式實作

　　C# 程式語言簡介到此告一段落，本章開始進入 Unity C# 程式實作。學習 C# 程式簡介之後，再重新回顧一下【玩家控制】程式碼（參見 [Assets/ 第二章 / 玩家控制 1.cs]），會比較容易理解：

```
1   using System.Collections;
2   using System.Collections.Generic;
3   using UnityEngine;
4
    ⊕Unity 指令碼 (1 個資產參考)|0 個參考
5   public class 玩家控制 : MonoBehaviour
6   {
7       public float 移動速度;
8       Rigidbody2D 剛體;
9       // Start is called before the firs
    ⊕Unity Message|0 個參考
10      void Start()
11      {
12          剛體 = GetComponent<Rigidbody2D>();
13      }
14
15      // Update is called once per frame
    ⊕Unity Message|0 個參考
16      void FixedUpdate()
17      {
18          float 水平移動 = Input.GetAxis("Horizontal");
19          float 垂直移動 = Input.GetAxis("Vertical");
20          Vector2 移動量 = new Vector2(水平移動, 垂直移動);
21          剛體.AddForce(移動量 * 移動速度);
22      }
23  }
```

（檢查器窗格圖示）

```
① Inspector                      a :
      ✓ 玩家                    ☐ Static ▾
    Tag Untagged ▾   Layer Default ▾
▶ ⊹    Transform              ❼ ⇄ :
▶ ⬚ ✓  Sprite Renderer        ❼ ⇄ :
▶ ◍ ✓  Rigidbody 2D           ❼ ⇄ :
▼ # ✓  玩家控制 (Script)       ❼ ⇄ :
     Script          ≡ 玩家控制      ⊙
     移動速度              15
```

　　第 7 行程式的目的是宣告一個公有的【移動速度】浮點變數，讓它可以被其他程式存取並出現在檢查器窗格。第 8 行則宣告一個名為【剛體】的 Rigidbody2D 物件，以便在遊戲一開始執行的時候，利用第 12 行程式碼來取得【玩家控制】所在物件裡面的 Rigidbody2D 元件並指派給【剛體】，於是操作剛體就相當於操作檢查器窗格裡的 Rigidbody2D。

　　GetComponent< 類別名稱 >() 用以取得搭載程式碼物件 (此處為【玩家】) 的特定類別名稱元件，因此 GetComponent<Rigidbody2D>() 可以取得【玩家】搭載的 Rigidbody2D 元件。

　　由於【玩家控制】已經被附加到【玩家】物件裡面，所以【玩家控制】看自己就相當於在看【玩家】物件一樣，因此當【玩家控制】在執行 GetComponent<Rigidbody2D>() 時，就會取得【玩家】加載進去的 Rigidbody2D 元件。

第 11～13 行 Start() 方法宣告範圍，在 Start() 之下左右大括號 {} 之間的程式碼，都屬於此方法的一部份。Start() 是 Unity 預設方法之一，凡是放在這個方法裡面的程式碼，僅在遊戲開始時執行一次（嚴格來說是【玩家】在遊戲裡面被產生的時後），遊戲過程當中將不再執行。

第 17～22 行左右大括號 {} 之內為 FixedUpdate() 方法宣告範圍，此方法也是 Unity 預設方法之一，用來設定每隔固定時間間隔都要執行的程式碼，預設每 0.02 秒執行 FixedUpdate() 一次。Unity 建議控制 Rigidbody 以及 Rigidbody2D 的程式放在 FixedUpdate() 裡面，以固定間隔處理，較容易符合物理現象。

第 18 行宣告【水平移動】浮點數，並且設定它的初值是遊戲控制器左搖桿的左右方向值。Input.GetAxis() 可以取得類比輸入搖桿的上下左右值，Input.GetAxis("Horizontal") 代表要讀取搖桿的水平值，搖桿往左推到底 Input.GetAxis("Horizontal") 的傳回值是 -1，往右推到底時 Input.GetAxis("Horizontal") 讀到的值則是 +1。雖然開發 Unity 的電腦不一定有裝設遊戲控制器，但是按下鍵盤左右按鍵時，Unity 依舊會將它模擬成遊戲搖桿一樣，給它由 -1 到 +1 之間連續變動的值。

同理，第 19 行程式碼則是宣告【垂直移動】浮點數，並將它的初值設定為搖桿上下方向的值。

第 18~19 行程式碼當中，我們使用 Input.GetAxis() 來讀取遊戲搖桿的輸入，此方法亦可讀取其他輸入裝置的值，常用的輸入讀取方式如下：

- Input.GetAxis("Fire1")：讀取第一個射擊按鈕
- Input.GetAxis("Fire2")：讀取第二個射擊按鈕
- Input.GetAxis("Jump")：讀取跳躍按鈕
- Input.GetAxis("Mouse X")：讀取滑鼠的左右移動值
- Input.GetAxis("Mouse Y")：讀取滑鼠的上下移動值
- Input.GetAxis("Mouse ScrollWheel")：讀取滑鼠滾輪值

請特別注意，Input.GetAxis("...") 裡面的文字包含大小寫以及空格一定要完全拼對才可以，否則在執行時將會出現錯誤訊息。詳細設定與能使用的 GetAxis() 名稱可以由 [Edit] → [Project Settings] 打開 [Project Settings] 窗格進行編輯：

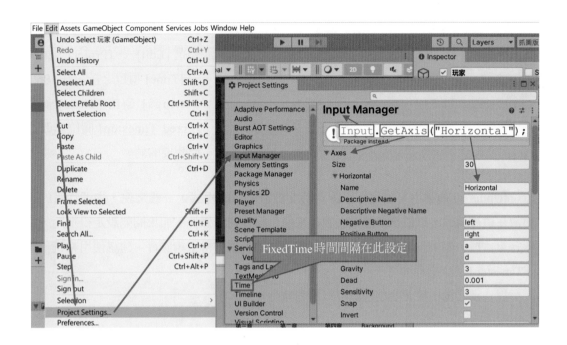

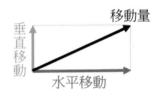

第 20 行程式碼將【水平移動】與【垂直移動】組合成一個二維向量 (Vector2)，並且將它宣告爲二維向量【移動量】。

　　第 20 行程式碼當中，new Vector2( ) 向作業系統要求配置一塊 Vector2 規格的記憶體，而 new Vector2(水平移動 , 垂直移動) 則是在配置記憶體的同時，指定初始值是 (水平移動 , 垂直移動) 組合而成的二維向量。

　　第 21 程式碼則將【剛體】施加【移動量】方向的力量，其力量的大小爲 移動量 * 移動速度。剛體 .AddForce(力量) 是 Rigidbody2D 提供的方法，用來施加力量在剛體上，讓它產生物體受力移動的效果。由於【剛體】是 Rigidbody2D 物件，因此自動繼承了 Rigidbody2D 的類別成員，故而擁有 AddForce( ) 方法。

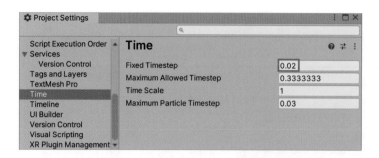

此外 FixedUpdate() 間隔可以點選 [Edit] → [Project Settings] → [Time] 項目之後，在 [Project Settings] 窗格 [Time] 子頁面 [Fixed Timestep] 欄位修改為自己想要的值。

FixedUpdate() 通常用來設定每隔固定時間要被執行的程式，一般來說，物理性質的操作通常會放在這裡執行，以便讓整體畫面看起來像是符合物理條件。如果間隔設定得很短，會增加系統運算負擔，如果設定的間隔太長，則會讓物理現象變得不夠真實，建議使用系統預設的 [Fixed Timestep] 值來處理即可。

了解程式碼之後，接著要讓遊戲可以順利執行。

請將未來不會用到的多餘物件 [Canvas]、[EventSystem] 以及【UI 控制】以 Ctrl- 滑鼠左鍵 方式多重選取，然後按下滑鼠右鍵選擇 [Delete] 刪除。階層窗格僅需要留下 [Main Camera]、【背景】以及【玩家】等三個物件即可。

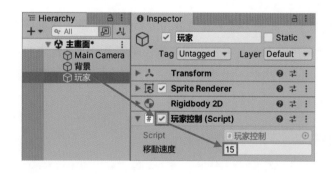

點選【玩家】後，將 [玩家控制 (Script)] 勾選起來，並且設定移動速度為 15。
設定完畢後請播放遊戲測試一下，【玩家】應該可以上下左右移動。若無法順利移動，請仔細檢查程式碼以及【移動速度】，並確認【玩家】有正常搭載【玩家控制】。

4.2 使用碰撞器

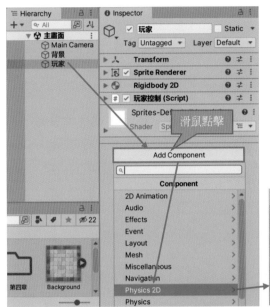
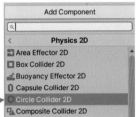

讀者測試遊戲時會發現，【玩家】若持續移動則會跑到背景之外，所以需要將【玩家】限制在背景畫面當中。為了達到這個目的，必須先為【玩家】以及【背景】加上碰撞器。由於【玩家】本身是圓形，所以使用 2D 圓形碰撞器（Circle Collider 2D）即可。在階層窗格點選【玩家】後，到檢查器窗格選擇 [Add Component] → [Physics 2D] → [Circle Collider 2D]。

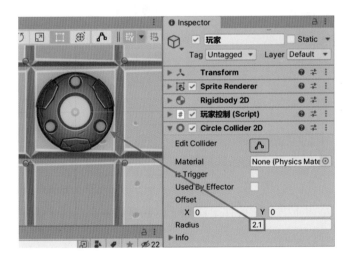

加入 Circle Collider 2D 之後，【玩家】在檢查器窗格裡面會出現 [Circle Collider 2D] 項目。調整碰撞器大小到半徑（Radius）2.1，以便碰撞器可以貼合【玩家】大小。

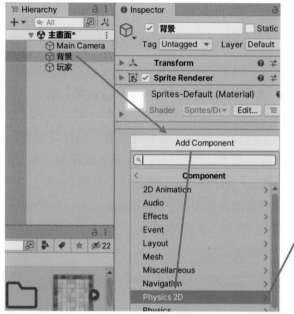

利用相同方式，在階層窗格點選【背景】之後，到檢查器窗格選擇 [Add Component] → [Physics 2D] → [Box Collider 2D]。

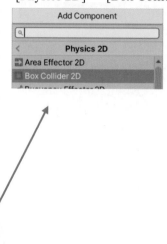

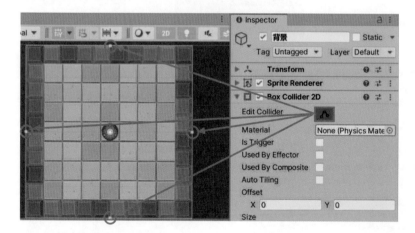

點選 Edit Collider 圖示，此時盒狀碰撞器周圍會出現四個方塊，用滑鼠拖曳這些方塊就可以改變碰撞器的大小。

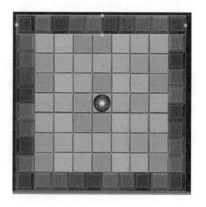

用滑鼠拖曳下方的方塊往上移動，直到變成左圖這樣，讓碰撞器剛好可以圍住上方深色區域。

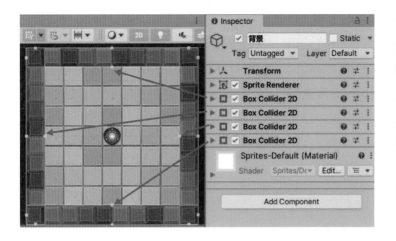

依照同樣的方式，新增三個盒狀碰撞器（共計四個碰撞器），並且將它們安排成如左圖所示，將四個深色區域全部用碰撞器圍住。

接著播放遊戲，飛碟將會被限制在四個盒狀碰撞器圍起來的區域之內，而不會離開畫面。

4.3 按下按鍵就可以移動與停止的控制方式

控制物體移的方式有很多種，假設按著按鍵不放時讓物體往一個方向移動，放掉按鍵就立即停止，則【玩家控制】程式可修改如下（參見 [Assets/ 第四章 / 玩家控制 2.cs]）：

```
1    ⊞using ...
4
    ⊕Unity 指令碼 (1 個資產參考) 0 個參考
5    ⊟public class 玩家控制 : MonoBehaviour
6    {
7        public float 移動速度;
8        Rigidbody2D 剛體;
9        // Start is called before the first frame update
    ⊕Unity Message 0 個參考
10       void Start()
11       {
12           剛體 = GetComponent<Rigidbody2D>();
13       }
14
15       // Update is called once per frame
    ⊕Unity Message 0 個參考
16       void FixedUpdate()
17       {
18           float 水平移動 = Input.GetAxis("Horizontal");
19           float 垂直移動 = Input.GetAxis("Vertical");
20           剛體.velocity = new Vector2(水平移動, 垂直移動) * 移動速度;
21       }
22   }
```

它的基本想法是在第 20 行直接指定【玩家】飛碟剛體的速度，也就是 剛體 .velocity 的值爲水平與垂直移動量再乘上移動速度，於是在按下方向鍵的時候，飛碟就會等速移動。如果沒有任何按鍵被按下去的話，【水平移動】與【垂直移動】的值都會是 0 ，因此第 20 行就會相當於 剛體 .velocity = new Vector2(0, 0) * 移動速度 ;，於是飛碟就會立刻停止。同樣方法可以用來操控 2D 或 3D 物體的移動，語法結構完全相同（然而 3D 物體則要使用 Vector3 才能運作）。

播放遊戲，只要按下按鍵，飛碟就會等速移動，一旦放開按鍵就會立即靜止。

本範例的目的並不是使用放開按鍵立即停止這種移動方式，請讀者將程式碼改回最初的樣子（參見 [Assets/ 第二章 / 玩家控制 1.cs]），然後再繼續練習。

4.4 旋轉物件為遊戲添加樂趣

滑鼠拖曳

本遊戲規劃在背景圖案上面放置 12 顆石塊，並且讓它們被飛碟碰到時就會消失，當全部石塊消失之後，判定玩家獲勝，並顯示獲勝字樣。

在專案窗格內點選 Pickup 圖樣，然後用滑鼠拖曳到畫面當中，如左圖所示。此時我們會發現【石塊】被蓋住而無法顯示：

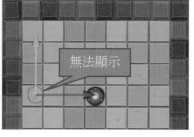

無法顯示

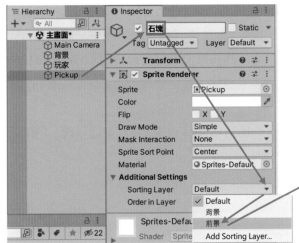

在檢查器窗格內將 Pickups 改名【石塊】，並改變碰撞物的 [Sorting Layer] 為 [前景]，以便讓它在適當的排序圖層顯示而不會被背景蓋住。

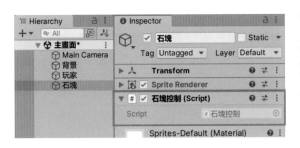

碰撞物單純放著實在太過無聊，所以不妨增加一些樂趣，讓它可以轉動。為【石塊】增加名為【石塊控制】的 C# 程式碼，新增程式碼的方式請參照前面章節。

修改【石塊控制】程式如下（參見 [Assets/ 第四章 / 石塊控制 1.cs]）：

```
1    ⊞using ...
4
     ◎Unity 指令碼|0 個參考
5    ⊟public class 石塊控制 : MonoBehaviour
6    {
7        public float 角速度 = 45;
         ◎Unity Message|0 個參考
8        void Update()
9        {
10           transform.Rotate(new Vector3(0, 0, 角速度) *
                 Time.deltaTime);
11       }
12   }
```

跨行顯示

第 7 行設定一個名為【角速度】的公用的浮點數變數，並且給它初始值 45。

每一次畫面更新時，利用第 10 行程式碼將物體依據【角度速】乘上畫面更新時間以旋轉【石塊】。本行程式碼由於太長而無法顯示為一行，因此在第一行尾端出現 ⤶ 符號，代表程式碼太長所以分成兩行以上顯示，所以第 10 行一個行號卻有兩行。其中 transform.

Rotate(Vector3 值) 用來旋轉物體，由於 transform 使用 Vector3 格式運作，所以 Rotate() 方法內要填入三軸旋轉方向的值，這裡使用的 new Vector3（0, 0, 角速度）用來產生一個 Z 軸方向【角速度】大小的 3 維向量，也就是所謂的 Vector3，然後乘上畫面更新時間 Time.deltaTime 來維持速度恆定，於是物體就可以依據填入的角速度旋轉。最後變成 transform.Rotate(new Vector3(0, 0, 角速度) * Time.deltaTime);

Time.deltaTime 是 Unity 內建的靜態變數，它的值約爲目前 FPS（每秒畫面張數）的間隔時間。例如 FPS 爲 120 的話，則 Time.deltaTime 約爲 1/120。

現在播放遊戲以進行測試，石塊應該會緩慢旋轉了。

4.5 利用 Rigidbody 讓物體可以互相碰撞

物體之間要產生物理碰撞效果，例如撞擊發生時因爲彼此質量差異而有不同程度的反彈，或是因爲摩擦力而改變旋轉方式等，則碰撞雙方都必須加上 Rigidbody 元件。兩物體間只需要偵測碰撞是否發生而不需要顯示物理效果，則至少一方應該要搭載 Rigidbody，且雙方都要搭載碰撞器（Collider）。

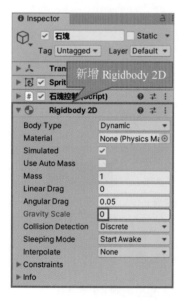

如果【玩家】要能撞擊【石塊】，則雙方都要加載 Rigidbody 2D 元件，這樣才可以有碰撞後彈開並改變軌跡的物理效果。本遊戲實際上並不需要在【石塊】加載 Rigidbody 2D 也能正常偵測碰撞，僅爲了練習而加載此元件罷了，請讀者留意。

參考第一章【玩家】加上 Rigidbody2D 的方式，先到階層窗格點選【石塊】之後，到檢查器窗格選擇 [Add Component] → [Physics 2D] → [Rigidbody 2D] 以加上 2D 剛體（Rigidbody 2D）。然後設定 [Gravity Scale] 值爲 0 以關閉重力，避免物件因地心引力而掉落。

在檢查器窗格點選 [Add Component] → [Physics 2D] → [Circle Collider 2D] 為【石塊】加入圓形 2D 碰撞器，並調整 [Circle Collider 2D] 的半徑 [Radius] 為 0.95，以便讓碰撞器可以符合【石塊】的大小

請播放遊戲以進行測試，現在【玩家】可以將【石塊】撞開了。

4.6 控制物體消失

　　本遊戲預計讓石塊被飛碟碰撞時會消失，因此當物件相撞時，我們必須有能力判定撞到的是什麼物體。Unity 可以為遊戲物件指定標籤（Tag），我們可以用它判定物件屬於哪一種項目或群組。現在為【石塊】加上標籤 (Tag)，讓飛碟撞到時可以判定是什麼物體。由於飛碟可以撞到背景四邊的碰撞器而停下，亦可以撞到石塊而讓石塊消失，因此我們一定要有能力分辨撞到的是什麼物體。

　　請到檢查器窗格，點選 Tag Untagged ▼ 並選擇 [Add Tag…]，然後會出現 [Tags & Layers] 窗格，緊接著點選 [Tags] 項目內的 ➕ 號，並在 [New Tag Name] 欄位輸入「目標」，接著按下 [Save] 按鍵，就可以建立「目標」標籤了：

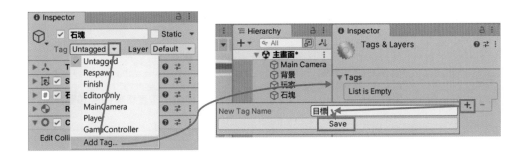

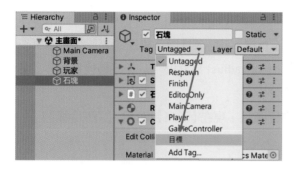

建立「目標」標籤後，再度回到檢查器窗格，點選 Tag Untagged ▾ 下拉選單，然後選擇 [目標]，就可以指定【石塊】的標籤為【目標】。

現在要為【玩家控制】程式碼加入碰撞偵測功能，利用 Visual Studio 的智慧諮詢功能可以幫助程式設計師節省許多時間並避免拼字錯誤。Unity 預設在 2D 物體發生碰撞時，會自動呼叫寫在 OnCollisionEnter2D( ) 事件裡面的程式碼，但是寫程式時可能英文單字背不熟或不小心拼錯，不如直接利用智慧諮詢功能比較方便快捷。

在 Visual Studio 編輯器內，每當我們輸入任何一個字母，都會自動出現和輸入內容相關的提示窗格。當我們輸入 onc 三個英文字母後，智慧諮詢功能出現的提示窗格就會出現我們想要選擇的方法名稱，我們用滑鼠雙擊 [OnCollisionEnter2D] 項目即可讓編輯器幫我們自動完成程式碼框架（或者按下往下的方向鍵至 [OnCollisionEnter2D] 項目後按下 TAB 鍵），如左圖所示。

操作完畢後，Visual Studio 會自動幫我們將 OnCollisionEnter2D( ) 事件的樣板做好，於是我們就可以很輕鬆的修改程式碼了，如下圖所示：

```
16      void FixedUpdate()
17      {
18          float 水平移動 = Input.GetAxis("Horizontal");
19          float 垂直移動 = Input.GetAxis("Vertical");
20          剛體.velocity = new Vector2(水平移動, 垂直移動) * 移動速度;
21      }
        Unity Message|0 個參考
22      private void OnCollisionEnter2D(Collision2D collision)
23      {
24
25      }
```

將【玩家控制】程式碼修改如下（參見 [Assets/ 第四章 / 玩家控制 3.cs]）：

```
1   using ...
4
    Unity 指令碼 (1 個資產參考)|0 個參考
5   public class 玩家控制 : MonoBehaviour
6   {
7       public float 移動速度;
8       Rigidbody2D 剛體;
        Unity Message|0 個參考
9       void Start() ...
        Unity Message|0 個參考
13      void FixedUpdate() ...
        Unity Message|0 個參考
20      private void OnCollisionEnter2D(Collision2D 被撞物)
21      {
22          if (被撞物.gameObject.CompareTag("目標"))
23              Destroy(被撞物.gameObject);
24      }
25  }
```

第 20 行的 private void OnCollisionEnter2D(Collision2D 被撞物) 可以把它想成是套路，凡是【玩家控制】程式所在的物體發生碰撞，都會自動執行這裡面撰寫的程式碼。原本 Visual Studio 自動完成填入的參數值是 OnCollisionEnter2D(Collision2D collision)，此處則是由自己將 collision 改爲被撞物。由於是撞到東西就會執行程式碼，所以我們一要知道撞到了什麼物體。被撞到的物體會以 Collision2D 類別的物件傳進 OnCollisionEnter2D( ) 去，我們叫它【被撞物】，於是將這一小段程式碼寫成 OnCollisionEnter2D(Collision2D 被撞物)，意思是指當飛碟碰到東西時（2D 碰撞），則被撞到的東西在程式碼裡面（嚴格說叫事件）叫做被撞物。

第22行用來判斷飛碟撞到的物體 Tag（標籤）是否叫做「目標」，如果是的話代表碰到【石塊】，於是執行第 23 行 Destroy(被撞物 .gameObject); 將被撞物的遊戲物件清除掉。

第 23 行的程式碼也可以使用下列這種寫法：

被撞物 .gameObject.SetActive(false);

它的作用不是清除被撞物，而是讓被撞物的遊戲物件處於被關閉的狀態下，讓它沒辦法被看到也沒辦法被碰到，就好像不存在一樣，未來只要使用 被撞物 .gameObject.SetActive(true); 就可以讓它由消失的地方再度出現。

凡是想要清除任何遊戲物件（例如敵人死亡後通常都會消失），都可以使用 Destroy（遊戲物件）的方式讓它消失，遊戲程式經常使用此功能。

播放遊戲，當【玩家】撞到【石塊】時，【石塊】將會消失。

4.7 建立預製件（Prefab）

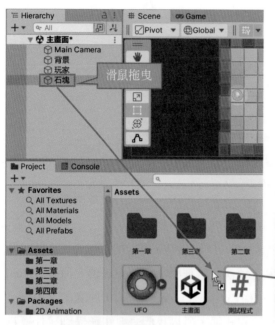

Unity 可以將設計完成的物件儲存起來做為預製件（Prefab），未來只要將預製件拖曳到場景當中，就可以直接使用。我們規劃場景當中要放置 12 顆石塊，所以將【石塊】做成預製件以便反覆利用。預製件的建立方式非常簡單，只要用滑鼠將【石塊】拖曳到 [Assets] 檔案夾裡面，它就會變成名為【石塊】的預製件：

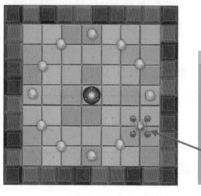

將 Assets 目錄的【石塊】預製件拖曳到場景窗格，並將石塊放置如左圖所示。

利用預製件的方式，可以快速製作十二顆完全一樣的【石塊】，而不必每一顆都要單獨進行設定，能夠節省大量時間。

4.8 程式控制攝影機

接下來說明如何讓主攝影機跟隨飛碟移動。在 [Main Camera] 內新增名為【攝影機控制】的程式。

【攝影機控制】的程式碼撰寫如下 (參見 [Assets/ 第四章 / 攝影機控制 1.cs]) :

```
1    using ...
4
     Unity 指令碼|0 個參考
5    public class 攝影機控制 : MonoBehaviour
6    {
7        public GameObject 追蹤目標;
8        Vector3 位移量;
         Unity Message|0 個參考
9        void Start()
10       {
11           位移量 = transform.position - 追蹤目標.transform.position;
12       }
13
         Unity Message|0 個參考
14       void Update()
15       {
16           transform.position = 追蹤目標.transform.position + 位移量;
17       }
18   }
```

　　程式第 7 行宣告一個叫【追蹤目標】的 GameObject，用來存放【玩家】物件，然後第 8 行宣告名為【位移量】的 Vector3 物件，用來存放主攝影機與玩家之間距離的三維向量。第 11 行的目的是在遊戲開始時，將攝影機的位置（transform.position）減去【追蹤目標】的位置（追蹤目標 .transform.position），並且將這個差距存放在【位移量】這個 Vector3 物件裡面。每當畫面更新時，則利用第 16 行程式碼，將攝影機位置重新設定一次（請與第 11 行比較一下）。

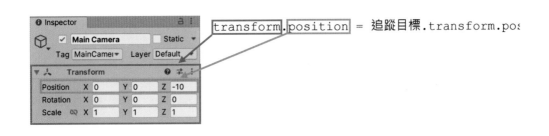

寫完程式後，將階層窗格中的【玩家】用滑鼠拖曳到【攝影機控制】裡面的【追蹤目標】項目，意即設定【攝影機控制】程式碼裡面的【追蹤目標】為階層窗格中的【玩家】。測試遊戲，此時畫面應該會隨著玩家上下左右移動。

4.9 使用者界面與字型

遊戲用來讓玩家輸入資料或是取得訊息的界面，被稱之為使用者界面 UI（User Interface）。本節要為飛碟撞石頭的遊戲設計使用者界面，用來顯示還有幾顆石頭需要消滅，以及全部石頭被消滅後的勝利字樣。

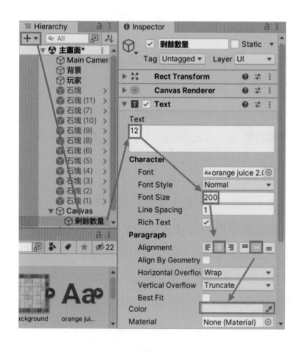

比照第二章介紹的方法，在階層窗格點選 ➕▾ 後，選擇 [UI] → [Legacy] → [Text]，以加入 Text 物件，然後將它命名為【剩餘數量】。

由於一開始有 12 個【石塊】，因此將 Text 的值改為 12，字型大小 [Font Size] 為 200，左右都置中對齊（▤，▤），接著再修改文字顏色 [Color] 為黃色，如左圖所示。

*註：實務上本處文字大小是調整【剩餘數量】在 UI 內的位置與大小之後，再回來重新設定的。

遊戲畫面會因為螢幕的關係而大小而發生變化的話，UI 上面顯示的文字並不會隨之發生改變，導致 UI 過大或過小的狀況。為解決此狀況，我們應修改 [Canvas] 的 [UI Scale Mode] 為 [Scale With Screen Size]，於是未來 UI 的大小就會隨螢幕而改變。接著修改 [Reference Resolution]。由於一般螢幕多半已經是 FHD 格式，也就是 1920 X 1080 的解析度，因此將 Reference Resolution 設定為 FHD 的標準大小。

　　在階層窗格當中雙擊【剩餘數量】以便快速找到物件，接著到檢查器窗格的 [Rect Transform] 內點選對齊方式（本書選擇對齊左上角），然後再到場景窗格調整它的位置與大小（此處設定 Width 與 Height 均為 200）：

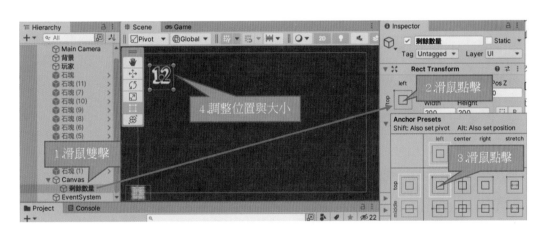

Unity 允許遊戲使用外部字型，我們可以由外部網站下載免費資源取得。此處提供一個遊戲字型下載網站供讀者參考：http://www.1001freefonts.com，本網站擁有許多字型可以任意選擇。

我們先點選 3D 字型，然後會出現許多字型以及它們的外觀，往下捲動至第一個字型（Orange Juice），然後點選 DOWNLOAD 以進行下載：

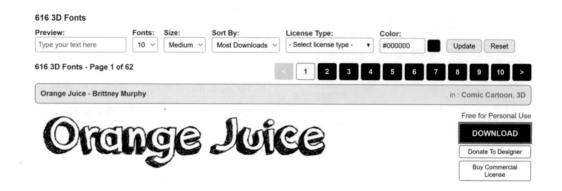

下載之後會得到一個壓縮檔，將它打開之後，裡面的 orange juice 2.0 檔案即為字型檔：

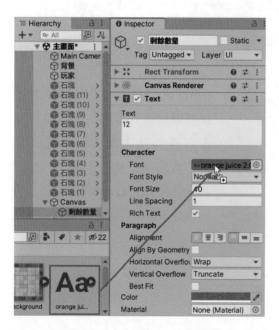

將字型檔解壓縮後，到檔案總管用滑鼠拖曳到 Assets 目錄裡面，然後將 [Orange Juice] 字型拖曳到檢查器窗格的 [Font] 項目內，於是【剩餘數量】就會以剛才下載的 [Orange Juice] 字型顯示了。

設計遊戲時經常會使用到各種特殊字型，而本節介紹的網站有數量眾多的免費字型，讀者不妨自行嘗試下載使用，未來開發遊戲時將更為便利。

4.10　遊戲執行時期的 UI 控制

修改【玩家控制】程式碼，以便在【玩家】裡面控制【剩餘數量】顯示的文字（參見[Assets/第四章 / 玩控制 4.cs]）：

```
 1  using System.Collections;
 2  using System.Collections.Generic;
 3  using UnityEngine;
 4  using UnityEngine.UI;
 5
    ⊕Unity 指令碼 (1 個資產參考)|0 個參考
 6  public class 玩家控制 : MonoBehaviour
 7  {
 8      public float 移動速度;
 9      Rigidbody2D 剛體;
10      public Text 顯示文字;
11      int 數量 = 12;
    ⊕Unity Message|0 個參考
12      void Start()...
    ⊕Unity Message|0 個參考
16      void FixedUpdate()...
    ⊕Unity Message|0 個參考
23      private void OnCollisionEnter2D(Collision2D 被撞物)
24      {
25          if (被撞物.gameObject.CompareTag("目標"))
26          {
27              Destroy(被撞物.gameObject);
28              數量--;
29              顯示文字.text = 數量.ToString();
30          }
31      }
32  }
```

第 4 行的目的是告訴 Visual Studio 本程式要使用 UnityEngine 的 UI 命名空間所定義的功能。第 10 行宣告一個名為【顯示文字】的 Text 物件，用來存放使用者界面的【剩餘數量】。第 11 行宣告整數的【數量】用來存放剩餘幾顆石頭，第 26 行與第 30 的左右大括號 { } 用來標示 if 命令的執行範圍。第 28 行在石頭消失後將【數量】減 1，然後在第 29 行將【數量】轉換為文字之後再指定給 顯示文字 .text。

程式寫好後，在階層窗格裡點選【玩家】，然後將【剩餘數量】拖曳到檢查器窗格 [玩家控制（Script）] 的 [顯示文字] 去。

讀者應該已經很熟悉此種操作方式，利用 public 關鍵字宣告物件，然後再由階層窗格拖曳物件到程式裡面，可以輕鬆地建立物件之間的連結，請務必熟練。

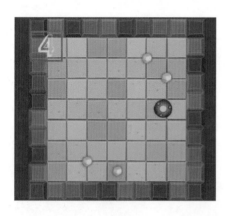

請測試遊戲，當飛碟撞到石塊之後，石塊消失的同時【顯示文字】也會隨之更改，如左圖所示。

實際進行遊戲時，讀者可以再重新調整【剩餘數量】的字型與顯示大小，以符合自己的需求。

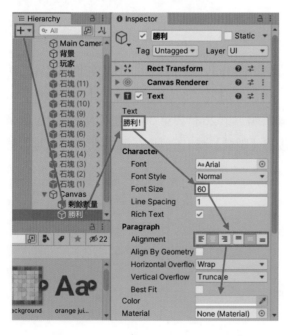

當玩家將全部石塊都撞擊消失之後，我們希望在畫面上顯示「勝利！」字樣。

在階層窗格點選 **＋▼** 後，選擇 [UI] → [Legacy] → [Text]，以加入 Text 物件，然後將它命名為【勝利】。

將檢查器窗格裡的 Text 文字改為「勝利！」，然後改變字型大小為 60，並且設定它置中對齊 (▦ , ▦)，最後將文字顏色 [Color] 改為黃色：

調整【勝利】在使用者界面的位置與大小，此處選擇錨點位置為 UI 畫布的中心點：

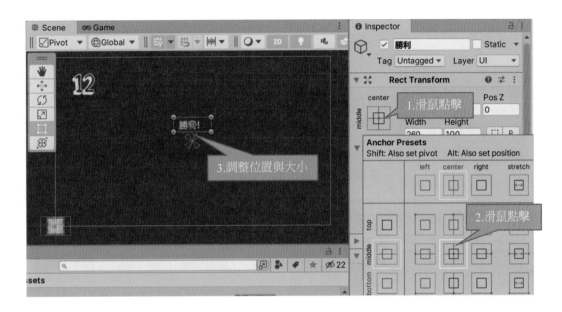

修改【玩家控制】如下（參見 [Assets/ 第四章 / 玩家控制 5.cs]）：

```
1    using ...
5
     Unity 指令碼 (1 個資產參考) | 0 個參考
6    public class 玩家控制 : MonoBehaviour
7    {
8        public float 移動速度;
9        Rigidbody2D 剛體;
10       public Text 顯示文字, 勝利字樣;
11       int 數量 = 12;
         Unity Message | 0 個參考
12       void Start()...
         Unity Message | 0 個參考
16       void FixedUpdate()...
         Unity Message | 0 個參考
23       private void OnCollisionEnter2D(Collision2D 被撞物)
24       {
25           if (被撞物.gameObject.CompareTag("目標"))
26           {
27               Destroy(被撞物.gameObject);
28               數量--;
29               顯示文字.text = 數量.ToString();
30               if (數量 == 0)
31                   勝利字樣.gameObject.SetActive(true);
32           }
33       }
34   }
```

第 10 行宣告名為【勝利字樣】的 Text 物件，用來顯示勝利字樣之用。第 30 行則是檢查是否剩餘數量等於 0，如果等於 0 則利用 31 行在遊戲畫面顯示 " 你贏了 " 字樣。第 31 行程式碼是將【勝利字樣】的遊戲物件（gameObject）設定為活躍狀態（SetActive(true)），以便讓【勝利字樣】在螢幕上顯示。

寫完程式之後，將檢查器窗格 ☑ **勝利** 核取方塊勾銷，於是 UI 就不會顯示「勝利！」文字，亦即讓【勝利】變成不活躍狀態 (SetActive(false))，才不會讓「勝利！」遮蓋畫面。待遊戲結束時，配合程式碼第 31 行，將【勝利】設定為活躍狀態，於是畫面就會顯示「勝利！」字樣了。

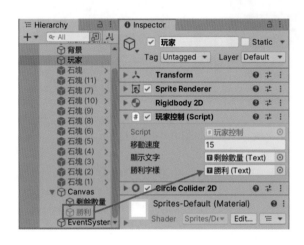

比照先前做法，儲存【玩家控制】程式之後，點選【玩家】然後將【勝利】用滑鼠拖曳到【玩家控制】的【勝利字樣】欄位。

請注意階層窗格當中的【勝利】為灰色字體，代表它為除能狀態，相當於隱形的意思。

現在測試遊戲，當所有石塊都清除後，畫面應會顯示「勝利！」字樣。

4.11 進階─讓石頭復活

如果只讓石頭全部消滅就判定獲勝，遊戲將會顯得太過無趣，我們可以利用協作程序的方式，讓石頭每隔一段時間重生，以適當增加遊戲難度。

所謂協作程序（coroutine）是一種特殊的非同步處理函式（function），它可以暫停執行過程而去執行特殊的 yield 指令（yield instruction），直到 yield 指令執行結束之後，再返回協作程序繼續處理剩下的事情。最常見的 yield 指令是 WaitForSeconds（秒數），用來暫停特定秒數之後再回來繼續完成剩下的事情。以下是進階版程式碼（參見 [Assets/ 第四章 / 玩家控制 6.cs]）：

```
  1    ⊞using  ...
  5
       ✿Unity 指令碼 (1 個資產參考)|0 個參考
  6    ⊟public class 玩家控制 : MonoBehaviour
  7     {
  8         public float 移動速度;
  9         Rigidbody2D 剛體;
 10         public Text 顯示文字, 勝利字樣;
 11         int 數量 = 12;
       ✿Unity Message|0 個參考
 12    ⊞    void Start()...
       ✿Unity Message|0 個參考
 16    ⊞    void FixedUpdate()...
       ✿Unity Message|0 個參考
 23    ⊟    private void OnCollisionEnter2D(Collision2D 被撞物)
 24         {
 25    ⊟        if (被撞物.gameObject.CompareTag("目標"))
 26             {
 27                 被撞物.gameObject.SetActive(false);
 28                 數量--;
 29                 顯示文字.text = 數量.ToString();
 30                 if (數量 == 0)
 31                     勝利字樣.gameObject.SetActive(true);
 32                 else
 33                     StartCoroutine(重生(被撞物.gameObject));
 34             }
 35         }
       1 個參考
 36    ⊟    IEnumerator 重生(GameObject 重生物體)
 37         {
 38             yield return new WaitForSeconds(8);
 39    ⊟        if (數量 > 0)
 40             {
 41                 數量++;
 42                 顯示文字.text = 數量.ToString();
 43                 重生物體.gameObject.SetActive(true);
 44             }
 45         }
 46    }
```

　　由於被撞到的石頭將會在消失 8 秒後重生，所以原本利用 Destroy() 方式消失的辦法將不再適用，因此將它刪除，然後利用第 27 行程式碼，讓被撞到的石頭隱形。

　　請注意凡是利用 Destroy() 消失的物體都會由記憶體當中清除掉，所以沒有任何回復的可能。如果使用 SetActive(false) 方式則是讓物體隱形，兩者之間的運作機制完全不同。

　　gameObject.SetActive(false) 可以讓物體隱形並且停止一切活動，gameObject. SetActive(true) 則讓物體重新顯示並恢復正常運作。

　　32 行的 else 代表當【數量】大於 0 時要執行第 38 行的【重生】協作程序。

　　StartCoroutine（協作程序）用來執行以 IEnumerator 宣告的協作程序，此協作程序會交給遊戲引擎獨自執行，我們經常利用它來處理 " 經過多少時間之後 " 要做的事情。

　　36～45 行定義一個名為【重生】的協作程序（可平行處理），並且將被撞物自身的遊戲物件以【重生物體】的遊戲物件（GameObject）型態傳遞進去（也就是被撞物的本身）。

定義協作程序的方式如下：

```
IEnumerator 協作程序名稱（資料型態 變數名稱）
{
        要執行的程式碼；
        yield return yield指令；
        要執行的程式碼；
}
```

以上協作程序宣告部份一要特別注意，凡是協作程序一定要有 yield return，否則會引發錯誤。yield return 的目的是拋出一個特定指令，待處理完此特定指令之後，回到協作程序裡面的下一行指令繼續執行。被拋出去的動作通常是所謂的 yield 指令，它會自動執行特定功能，例如 WaitForSeconds(秒數) 可以用來暫停特定的秒數。如果你宣告的協作程序真的沒有任何動作需要拋出去的話，至少也要加一行 yield return null; 到程式碼裡面，以避免發生錯誤。

第 38 行拋出 yield 指令以便讓程式暫停。WaitForSeconds(8) 讓協作程序暫停 8 秒鐘，由於這個動作需要配置記憶體，所以在前面固定使用 new 關鍵字。

暫停時間完畢後，協作程序會由第 39 行繼續執行，此時判斷 剩餘數量 >0 是否成立，也就是你贏了沒，如果剩餘數量大於 0 則執行 40～44 之間的程式碼。第 41 行增加【數量】，42 行顯示最新【數量】，43 行讓被撞到的石塊重生（設定為活躍狀態）。所以只要玩家沒在 8 秒內結束遊戲的話，前面撞到的石頭就會再度出現。

程式碼輸入完畢後，請再度播放遊戲以進行測試。本遊戲設計到此處已告一段落。經過以上訓練，讀者應該可以熟悉 Unity 編輯器的操作方式，並且具備 Unity C# 遊戲程式設計的基礎知識。

請完全瞭解本遊戲專案的製作流程以及程式碼內容，然後試著不要看書自行完成此遊戲專案，將可獲得更大的學習效果。

第二部份

3D近戰遊戲

第五章　動畫控制器基礎

5.1 建立專案

本遊戲專案主要目的是以遊戲程式設計者的角度切入，讓學習過 Unity 基本操作且具備 C# 基礎的讀者，能夠從零開始建置一個具備初步功能的動作遊戲。

依據遊戲製作專業領域來區分，遊戲製作大致可以分為【遊戲程式】與【遊戲美術】兩個區塊。本書假設全部人物、動作與場景均已被【遊戲美術】製作完成，以【遊戲程式】角度出發一步一步建置出能夠完整運作的動作類遊戲。然後本書將以圖例方式進行說明，逐步完成遊戲程式開發與設計。

首先進入 Unity Hub，點選 [專案] → [新專案] 以建立新專案：

請依照第一章介紹的方式建立專案，左圖專案名為 [3DFighting]，讀者可以自行命名，但要注意不得使用中文專案名稱。

Unity 編輯器以及 Unity Hub 改版速度都很快，因此讀者若是見到畫面略有不必也不必驚訝，通常畫面會與舊版類似，思考一下便可以瞭解要如何運用新版工作了。

進入 Unity 編輯器畫面會因為版本不同而有約略不同，此外讀者可能已經自行安裝過 Unity 並且使用過一段時間，所以建立新專案後的畫面或許又會有些不同，不再贅述。本書改版時使用 2022.2 Beta 版製作，主畫面與 2022.1 版差異不大，但各級選單與檢查器窗格顯示之屬性仍有不少差異。

請讀者將 Part2.ZIP 解壓縮後，到檔案總管將 [第二部份資源] 拖曳至 Unity 編輯器的專案

窗格內,以匯入第二部份使用的資源:

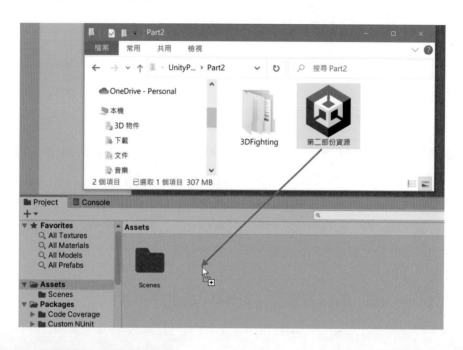

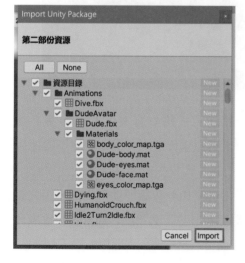

稍待片刻之後,Unity 編輯器內會出現 [Import Unity Package] 窗格,要求你選擇想要匯入的檔案。請直接按下 [Import] 按鍵即可。

設計遊戲時可以將使用到的資源選擇起來,然後到主選單選擇 [Assets] → [Export Package],能夠將檔案以套件形式匯出。其他遊戲再由套件匯入檔案,以將這些資源重複利用,資源商店內的套件亦採用類似方式運作。以上方式介紹的是自行建立專案並練習匯入套件的作法,讀者亦可以將 Part2.ZIP 解壓縮後,直接以 Unity Hub 開啟 Part2/3DFighting 目錄專案進行練習。

5.2 建立主場景

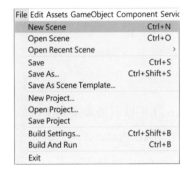

遊戲專案剛開發時通常沒有足夠素材，此時會使用編輯器內建基本物件製作空白場景，用以標注空間框架，然後再一面開發一面將完成後的素材導入專案之中。本遊戲範例匯入資源是從 Unity 資源商店中免費取得，讀者亦可以自行至資源商店搜尋免費素材並下載使用。

請先至主選單選擇 [File] → [New Scene] 以建立全新場景。接著會出現 [New Scene] 視窗。

在 [New Scene] 視窗內選擇右側有天空盒的樣版場景，然後按下 [Create] 按鍵：

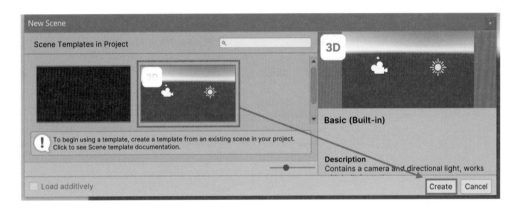

建立新的場景如下，請注意階層窗格裡面的 [Untitled] 字樣代表場景尚未命名：

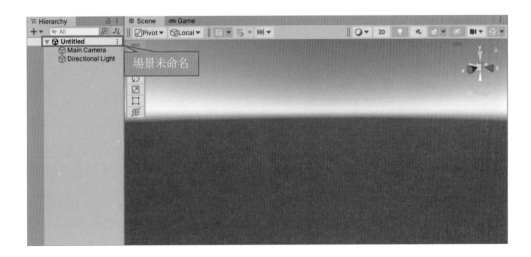

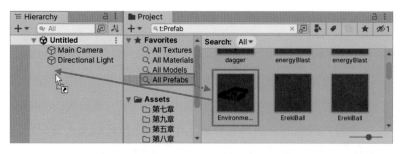

點選專案窗格內的 [Favorites] → [All Prefabs] 然後將 [Environment] 拖曳至階層窗格空白處放開。

專案窗格當中的 [Favorites] 裡面預設有四個項目，[All Textures] 可以取得專案內全部的貼圖，[All Materials] 取得全部材質，[All Models] 取得全部的模型，[All Prefabs] 可以取得全部的預製件。本遊戲使用的場景已預先建置好，並存放於 [Environment] 預製件當中，讀者僅需要拖曳至階層窗格就可立即使用。接著選擇主選單的 [File] → [Save]，然後會出現 [Save Scene] 視窗，我們將此場景命名為【主場景】，然後按下 [存檔] 按鍵：

此時階層窗格內將會出現【主場景】字樣，代表目前的場景名稱為【主場景】。本範例後續部份將在【主場景】當中製作。

5.3 將角色置入場景

本專案的場景部份已經建置完成，接著匯入角色模型。只要角色設計符合 Unity 的虛擬頭像（Avatar）規範，則不同人形角色動畫均可互通，也就是符合規範的人物可以任意套用他人的動畫。遊戲美術依規範製作之角色 3D 模型，遊戲開發者將角色匯入場景就可立即使用。本遊戲資源已匯入資源商店人類模型當中的 [Strong Knight]、[SciFi Robots] 以及 [Soldiers Pack] 的人物模型，來做為主角與敵人的角色。讀者可以自行下載其他免費人物模型加以測試，只要模型符合 Avatar 規範，均可做為本遊戲的人形角色使用。

不論來自資源商店或自行建模之人物模型，在匯入 Unity 之後需要檢查其動畫類型是否為人形 (Humanoid)，若不是人形則應改正後才能套用人形動畫。讀者應養成習慣，在使用人物模型之前，應先點選想要使用的人物模型，然後到檢查器窗格 [Inspector] 裡面選擇 [Rig] 子頁面，確認其動畫類型 [Animation Type] 設定為人形，才能夠套用一般人類模型動畫。

以 Army 01 為例，請先點選專案窗格內的 [Favorite] → [All Models] 底下的 Army 01 人物，然後到檢查器窗格的 [Rig] 頁面下，將 [Animation Type] 改為 [Humanoid]，最後按下 [Apply] 按鈕以套用變更，Army 01 才可以使用人形動畫：

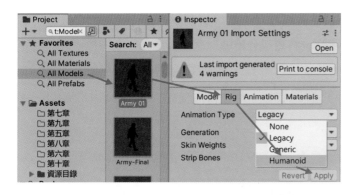

以 Army 01 為例，請先點選專案窗格內的 [Favorite] → [All Models] 底下的 Army 01 人物模型，然後到檢查器窗格的 [Rig] 頁面下，將 [Animation Type] 改為 [Humanoid]，最後按下 [Apply] 按鈕以套用變更，Army 01 才可以使用人形動畫。

請讀者練習改正 Army-Final 以及、Army3-final 為人形設定。本遊戲範例使用之人形模型已設定為 Humanoid，不必調整即可立即使用。

本遊戲專案內含許多人形角色，分散放不同目錄之中。現在擬使用 Assets\Knight\models\ knight 模型做為主角，但是實務上大型專案往往難以找到模型存放在何處，故而使用專案窗格的 [Favorite] → [All Models] 來找尋模型最為方便。

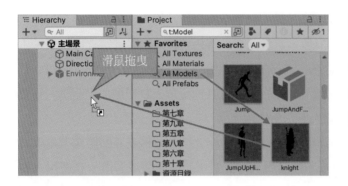

點選專案窗格 [Favorite] → [All Models]，然後將 [knight] 拖曳至階層窗格空白處放開，此時 knight 模型會被放置於場景中的原點位置，並且預設其物件名稱爲 [knight]。

接著請到檢查器窗格將 knight 改爲 [主角]，於是此遊戲物件被讀者命名爲【主角】。

　　讀者請務必注意，通常我們將模型放置到場景中之後，會將物件自行命名爲有意義的名稱，否則當場景內部相同物件被反覆使用時，將難以分辨哪一個名稱是哪一個物件。因此在正式的遊戲開發專案時，一定要記得爲重要物件自行命名，以增加遊戲專案的可閱讀性。

　　將遊戲物件命名後，點選場景窗格的 符號，然後再拖曳紅、藍、綠等座標軸以改變位置。

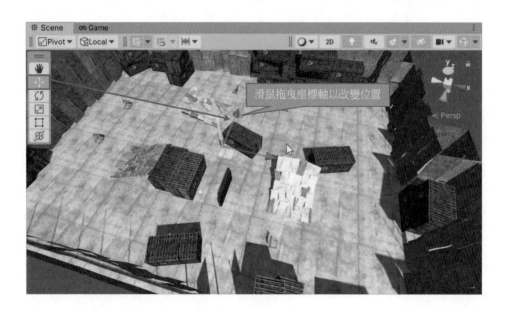

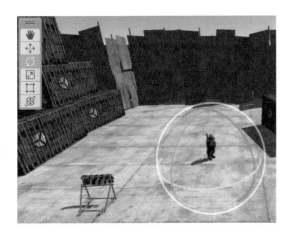

點選場景窗格的 ⟳ 符號，然後再拖曳紅、藍、綠等三個弧線以改變角度。

由於 3D 場景當中角色多半垂直站立於地面，因此我們通常只會拖曳綠色弧線以改變 Z 軸角度，亦即改變站立的方向。

除了將模型用滑鼠拖曳至階層窗格，讓物件置於原點然後開始調整位置的方法之外，讀者亦可直接將模型拖曳到場景當中放開。但是拖曳物件至場景窗格的方式，往往放置的位置與使用者預想的位置差異過大而難以調整，因此不建議採用這種方式操作。

• **場景窗格基本操作**

在場景窗格按下滑鼠右鍵不放，鼠標會變成 👁 符號，代表可以旋轉視角。此時若按下 WASDQE 等按鍵可以讓視角向前（W）、左（A）、後（S）、右（D）、下（Q）、上（E）移動，這種移動視角方式被稱為飛行模式（Flythrough Mode）。若覺得飛行速度太慢，可以配合 WASD 並同時按下鍵盤 Shift 鍵以加快速度，也可以按下滑鼠右鍵不放並同時捲動滑鼠滾輪以增減飛行速度。在場景窗格中滾動滑鼠滾輪，可以縮放視角（但不會改變物件實際大小）。

在階層窗格用滑鼠雙擊物件，則場景窗格會轉換視角，讓物件在場景正中央顯示，我們經常利用此種操作方式找尋物件。

3D 場景操作時，如果選擇 Pivot▼ 模式（左圖），則座標軸將會顯示在物件本身的原點（軸心）位置。如果選擇 Center▼ 模式，則座標軸將會顯示在物件的中心點。實務上我們在調整物件位置時，多半選擇 Pivot 模式居多，否則難以判斷物體的原點是否真的接觸到地面（或其它物體）。

如果選擇 Local▼ 模式，則座標軸會以物件自己的座標軸方向顯示。如果選擇 Global▼，則座標軸會以世界座標的方向顯示。通常我們在調整物件於場景中的位置時，會以 Global 模式調整。在調整物件自己的旋轉方向或是與子物件之間的關係時，會以 Local 模式為主。

5.4 設定攝影機位置

請按下播放鍵 ▶ 測試遊戲，讀者會發現主攝影機無法自動拍攝到【主角】，此狀況讓遊戲開發與修改造成許多不便。因此有必要先調整攝影機至適當位置，以便測試遊戲時自動拍攝主角。多半以第三人稱操作攝影機的方式，是將它放置在角色後方某個位置，然後讓攝影機拍向角色。本專案則是在【主角】的後上方建立一個空的遊戲物件，用來存放攝影機的位置，然後再將主攝影機拖曳到這個位置做為子物件，於是就可以隨著角色而移動。

點選階層窗格的【主角】，然後按下滑鼠右鍵，接著選擇 [Create Empty]，於是會在【主角】底下產生一個名叫 [GameObject] 的空物件。也可以先點選【主角】，然後再選擇 ＋▼ 後點選 [Create Empty]，這兩種方法都能新增空白物件：

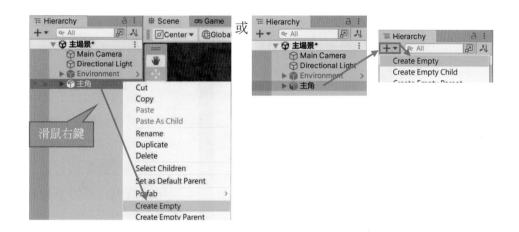

[Create Empty] 之後，【主角】會新增一個預設名稱為 [GameObject] 的子物件，請將它改名為 [攝影機位置]。

註：在檢查器窗格內修改也可以。

接下來我們要調整【攝影機位置】，以便主攝影機（Main Camera）放置進去後，能適當呈現【主角】的影像。改變【攝影機位置】的座標有種較為直覺的方式，我們在場景窗格（Scene）裡面調整顯示畫面的大小與位置，讓【主角】可以依照我們想要的方式呈現在畫面當中，接著指定【攝影機位置】到畫面顯示的位置去，然後再手動調整 Transform 的 Position 值，就可以快速設定理想位置了。

滑鼠雙擊階層窗格內【主角】，場景窗格會將它顯示在畫面中心之處。接著移動場景窗格視角，讓【主角】的位置與大小是你希望看到的樣子，假設我們希望到時攝影機可以由【主角】的後上方俯視，遊戲畫面【主角】影像看起來如左圖所示。

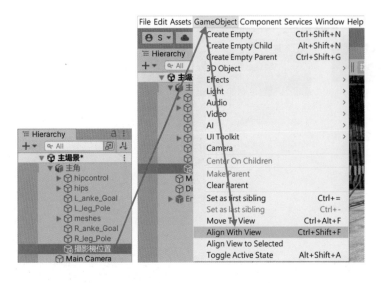

到階層窗格點選【攝影機位置】，選擇 [GameObject] 主選單並點選 [Align With View]，於是【攝影機位置】物件會對齊目前視角位置。[Align With View] 的功用是讓被選擇的物體（此處是【攝影機位置】），直接放置到目前場景窗格視角看出去的位置。

　　因為使用滑鼠調整畫面位置，攝影機位置對齊場景視角之後，其對齊內容必然有些許誤差，所以需要手動調整 Transform 的 Position 與 Rotation 數值：

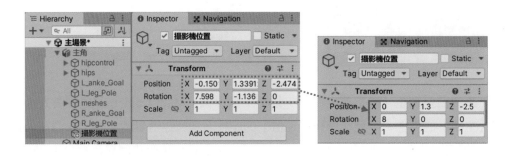

　　執行 [Align With View] 動作之後，再針對【攝影機位置】裡面 Transform 的 Position 以及 Rotation 值進行細部調整，就可以快速且直覺地將【攝影機位置】放置到特定位置。針對 Transform 數值的修改原則是 Position X 軸的值設定為 0 以免左右位置偏移，Y 軸與 Z 軸的數值取到小數點後第 1 位，Rotation X 軸的數值取整數，Y 軸 Z 軸維持 0 以避免左右偏轉或是順 / 逆時鐘方向傾斜。

【攝影機位置】與【主角】的關係可以由左圖看出來，其位置約略在主角後方並稍微傾斜，未來主攝影機將放置於此處。

將主攝影機 [Main Camera] 拖曳到【攝影機位置】放開，接著將 [Main Camera] 的 Transform 的 Position 與 Rotation 歸零，如下圖所示：

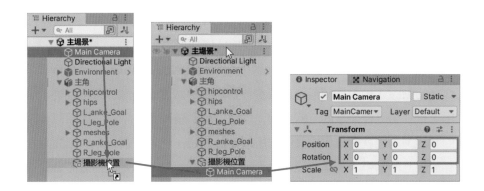

經過以上設定，主攝影機（Main Camera）是【主角】的子物件之一，且位置固定在【主角】身後 2.5 公尺遠 1.3 公尺高，並且朝下 8 度角俯視的方式追蹤拍攝主角，遊戲畫面如下圖所示：

5.5 加入動畫控制器

初學遊戲開發可以參考的學習步驟是先建置場景，然後將角色放置到場景裡面，接著嘗試控制這個角色並播放動作，然後再加入敵人，控制敵人動作，再讓雙方可以互相攻擊，然後加入攻擊特效與音效，接著判斷是否攻擊成功以進行扣血、死亡、得分等後續事項。利用這種方式，逐漸增加遊戲功能，進而完成整個遊戲。

　　Unity 遊戲物件的動作控制相當容易，角色預設的動畫器（Animator）可以操控動畫控制器（Animation Controller）來控制動作。人形角色只要符合 Unity 虛擬頭像系統（Avatar）規範，就可以在動畫控制器裡面，套用符合虛擬頭像規範的動畫（Animation Clip），播放各式各樣預先製作好的動圖。動畫控制器用來規劃角色的各種狀態，每個狀態可以是一個或一組動畫，這些狀態可以利用改變參數的方式，由一個狀態自動轉變至另一個狀態。只要讓動畫控制器進入不同的狀態，角色就會播放這個狀態所設定的動畫。例如我們可以做出閒置和走路兩個狀態，分別存放對應的動畫，當角色沒有動作時進入閒置狀態，於是就播放閒置動畫。當使用者按下前進按鍵時，我們用程式告訴動畫控制器進入走路狀態，於是就會播放走路動畫，使用者就看到角色往前走路了。

　　現在開始嘗試控制【主角】的動作，第一個步驟就是為他建立動畫控制器。到專案窗格空白處，按下滑鼠右鍵，選擇 [Create] 後點選 [Animator Controller] 以新增動畫控制器，並命名為【主角動畫控制器】：

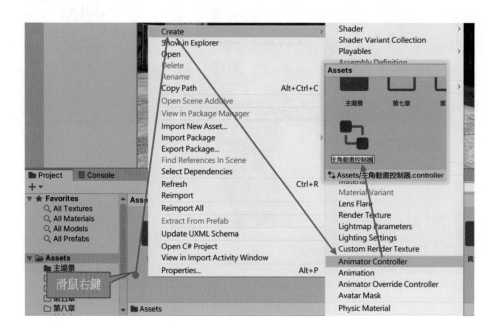

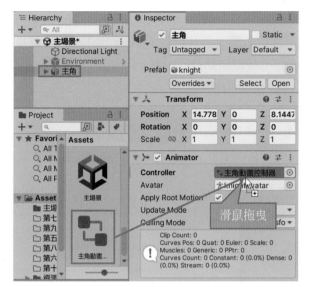

在階層窗格中點選【主角】，然後將【主角動畫控制器】用滑鼠拖曳到檢查器窗格 [Animator] → [Controller] 欄位。現在開始【主角】將使用【主角動畫控制器】做為動畫控制之用。

5.6 為動畫控制器加入新動畫

滑鼠雙擊專案窗格中的【主角動畫控制器】以便打開動畫器（Animator）編輯窗格：

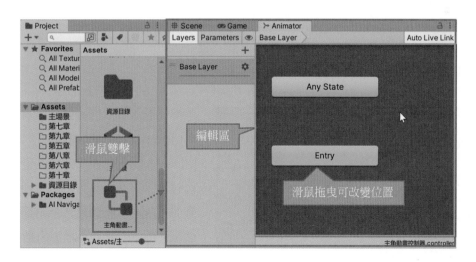

在動畫器編輯區滾動滑鼠滾輪可以縮放大小，按下 ALT- 滑鼠左鍵同時移動滑鼠可以移動佈局位置。

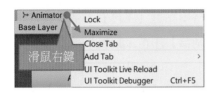

如果覺得動畫控制器的編輯區域太小，可以在 [Animator] 頁面上按下滑鼠右鍵，然後選擇 [Maximize] 直接將窗格展開到最大以方便編輯動畫控制器。

編輯區內各個填滿顏色的方塊被稱之為狀態（state），例如 [Any State] 即代表 [任何狀態] 的意思。使用者可以利用滑鼠拖曳各狀態至合適位置，以方便編輯與閱讀。

在編輯區空白處按下滑鼠右鍵，選擇 [Create State] 之後點選 [Empty] 以新增空白狀態。

操作完畢後會出現一個名為 [New State] 的橘色方塊代表預設動畫狀態，我們將此狀態命名為【閒置】。

操作完畢後編輯區畫面產生一條由 [Entry] 指向閒置 [閒置] 的橘線，代表橘色狀態是預設狀態，也就是遊戲開始時角色的狀態。

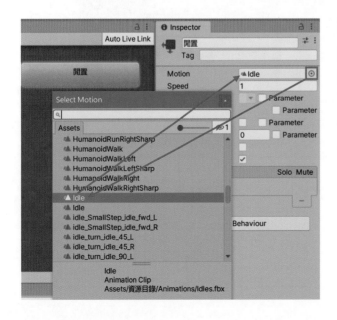

選擇【閒置】狀態後到檢查器窗格點選 [Motion] 右側 ⊙ 符號，然後會出現 [Select Motion] 視窗選擇動畫，專案內已包含了許多動畫可供讀者利用，本範例以 Assets/資源目錄/Animations/Idles.fbx 做為【閒置】狀態要播放的動畫。

現在【主角動畫控制器】的含意是，進入動畫控制器時（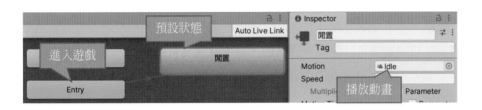 狀態的意思），預設會進入【閒置】狀態，閒置狀態播放 [Idle] 動畫：

測試遊戲，【主角】預設進入【閒置】狀態，並播放 [Idle] 動畫而輕微晃動了。讀者可以自行套用不同的動畫，以觀察角色動作變化。

請仔細觀察【主角】的腳掌部份，在地板上有少許飄移現象，這是因為此動畫原本並不是利用【主角】的骨架製作而成。

停止播放遊戲，然後到檢查器窗格，將【閒置】狀態下的 [Foot IK] 選項勾選，以套用足部反關節處理。套用之後請再次播放遊戲，讀者應會發現【主角】的腳掌不會在地面飄移了。

讀者未來在套用動畫時，如果發現動畫怪怪的，不妨嘗試勾選 [Foot IK] 選項，很多時後可以解決動畫異常問題。

　　3D 角色模型的動畫製作方式，通常是在外部 3D 建模軟體如 MAYA 或 3DS MAX 等，以骨架綁定皮膚的方式製作。我們建立的角色模型最外層是所謂的皮膚（skin），可以設定它的彈性、延展性，並且在其表面貼上貼圖，以顯示它的外觀。皮膚內部則要建立骨架（bone），各個動作就是靠著在什麼時間點將各個骨頭移動到什麼位置而來。由於每個動作在設計時，都是針對特定骨架，因此拿這些動作套用到其他模型時，往往會因為骨架大小長短以及相對位置的不同，而讓動作發生誤差。為了解決這種狀況，當我們匯入模型時，Unity 會進行一些前處理，希望讓動作可以儘量通用。等到我們實際套用動作時，萬一還是有所誤差，則可以手動設定 [Foot IK] 選項，讓 Unity 以反關節動力學模型重新計算動畫內容，以解決骨骼不匹配導致的動作誤差問題。

5.7 狀態過渡與控制器參數

　　現在開始規劃未來主角要如何移動，依據最常見的角色控制方式，我們打算按下前進按鍵時【主角】前進，按下左右按鍵【主角】就會向左或向右轉彎，而且還要能發動攻擊，並播放相關的動畫。動畫控制器可以擁有多個狀態，每個狀態又可以擁有一個或一組動畫。由一個狀態轉變到另一個狀態的方法，是先做出兩個狀態之間的狀態過渡（Transition），並在狀態過渡當中設定控制器參數條件，來控制如何由一個狀態轉變至另一個狀態，於是就可以播放不同的動畫。

　　前進有速度，轉彎有方向，攻擊則是一種狀態，因此打算使用【速度】、【方向】以及【開始攻擊】等三個參數，來描述這三種不同狀態，然後狀態過渡再依據這三個參數來判斷要進入哪種狀態，並依據不同狀態播放相對應的動畫。

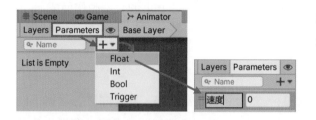

點選 [Parameters] 頁面，然後按下 ✚ 以新增 [Float] 參數（浮點數），並將它命名為【速度】。

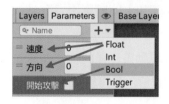

使用相同方式新增 Float 型態【速度】參數，以及 Bool 型態的【開始攻擊】參數，於是【主角動畫控制器】就擁有了【速度】、【方向】以及【開始攻擊】等三個參數。

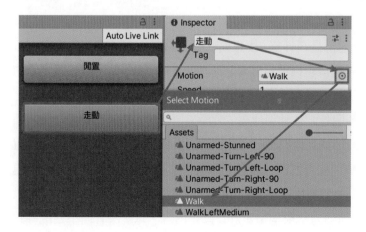

比照製作【閒置】狀態的做法，在動畫器編輯區空白處按下滑鼠右鍵，選擇 [Create State] 之後點選 [Empty] 新增空白狀態，然後命名為【走動】，並且將動畫指定為 [Walk]。

　　在【閒置】狀態上面按下滑鼠右鍵，然後選擇 [Make Transition] 再點選【走動】，於是就會出現一條由【閒置】指向【走動】的狀態過渡箭頭，用來代表【閒置】狀態轉換至【走動】狀態的條件：

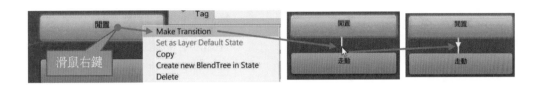

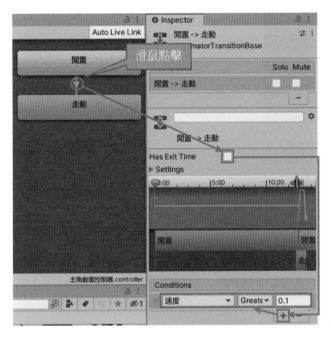

點選【閒置】指向【走動】的狀態過渡，勾銷 [Has Exit Time] 然後到 [Conditions] 區塊點選 ➕，並將條件 [Conditions] 設為【速度】大於（Greater）0.1。亦即【閒置】狀態時，當【速度】大於0,1就會自動切換至【走動】狀態。

我們可以利用 ➕ 增加超過一個以上的條件，全部的條件都要成立才允許由【閒置】進入【走動】狀態。

　　速度　▼　Greater ▼　0.1　是指狀態過渡條件為速度大於（greater）0.1 的意思。經過以上設定，當角色在【閒置】狀態時會播放 [Idle] 動畫，如果【速度】參數值大於 0.1，就會自動切換到【走動】狀態並播放 [Walk] 動畫。

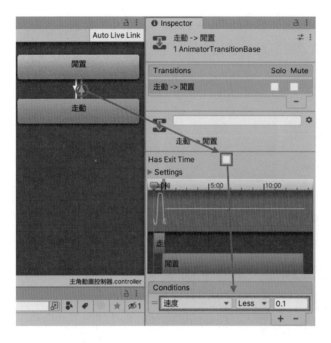

依照同樣方式，製作【走動】指向【閒置】的狀態過渡，並且設定過渡條件是【速度】小於（Less）0.1，也就是在【走動】狀態時，【速度】小於 0.1 就會切換回【閒置】狀態。

【速度】的值並不會自己改變，而是由程式加以控制，但是動畫卻會因為動畫控制器設定的狀態過渡條件而自己改變，不需要額外程式控制。勾銷 [Has Exit Time] 的意思是指切換狀態時，不必將目前動畫播放完畢就直接進入下一個狀態。

5.8 利用程式操控動畫控制器

　　動畫控制器的參數值並不會自己改變，而是由程式加以控制，動畫控制器則是以目前的狀態為基準，依據狀態過渡條件來監控參數值並自動改變狀態，自動改變狀態的部份則不需要程式控制。

　　在階層窗格內點選【主角】然後到檢查器窗格裡面按下 [Add Component] 後選擇 [New Script] 以新增程式碼，並且命名為【主角控制】後按下 [Create and Add] 按鈕：

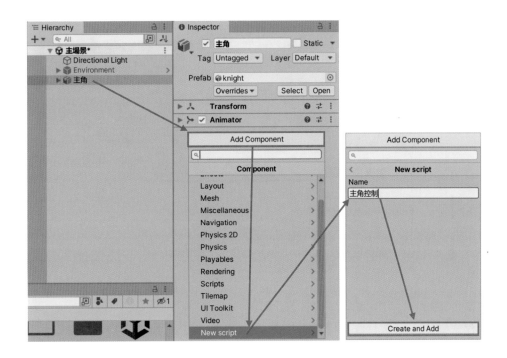

經過以上動作之後，Unity 編輯器會自動爲【主角】建立名
爲【主角控制】的程式碼，且會出現在[Assets]根目錄當中。

修改【主角控制】程式碼，以便依據鍵盤輸入來改變動畫控制器參數值並改變動畫狀態
（參見 [Assets/ 第五章 / 主角控制 1.cs]）：

```
1    using System.Collections;
2    using System.Collections.Generic;
3    using UnityEngine;
4
     ⊕Unity 指令碼 (1 個資產參考)|0 個參考
5    public class 主角控制 : MonoBehaviour
6    {
7        Animator 動畫控制器;
         ⊕Unity Message|0 個參考
8        void Start()
9        {
10           動畫控制器 = GetComponent<Animator>();
11       }
         ⊕Unity Message|0 個參考
12       void Update()
13       {
14           float 上下鍵 = Input.GetAxis("Vertical");
15           動畫控制器.SetFloat("速度", 上下鍵);
16       }
17   }
```

以上程式碼中，第 7 行宣告【動畫控制器】爲 Animator 類別的物件，準備到時用來存放自己動畫控制器之用。第 10 行會在遊戲剛開始時執行一次，GetComponent< 類別 >() 方法用來讀取自己身上的特定類別元件，於是 GetComponent<Animator>() 會找到自己身上的 Animator，然後將它指定給【動畫控制器】。凡是寫在 Start() 裡面寫的程式碼只會在遊戲一開始時執行一次，我們通常拿來做爲初始化之用。另一個用來做初始化的地方是將程式寫在 Awake() 裡面，它也只會在遊戲開始時執行一次，我們通常將初始化自己的程式碼放在這裡，而初始化別人的程式碼放在 Start() 裡面。如果你的程式很複雜，初始化動作要參考別人初始化之後的結果的話，要寫在 Start() 裡面，而需要及早初始化完畢以便讓別人取用的東西，則要放在 Awake() 裡面，初學者目前只需要知道初始化可以放在這兩個方法裡面即可。

第 14 行宣告名爲【上下鍵】的浮點變數，並且設定它的初值爲遊戲搖桿（此處爲鍵盤）的上下鍵值。Input.GetAxis("Vertical") 會讀取鍵盤或是遊戲搖桿垂直軸的值，也就是鍵盤上下方向鍵 ↑↓ 或是 W/S 鍵或者是搖桿前後推的值，這個值會介於 -1 到 +1 之間。-1 代表往後退到底，+1 代表往前推到底。GetAxis() 會採用類比的方式，逐漸由 0 變成 1（或 -1），而不是瞬間改變它的值，以便在鍵盤模擬出搖桿的效果。

第 15 行設定動畫控制器的【速度】參數的值爲【上下鍵】的值，於是動畫控制器就可以依據【速度】來控制角色的動畫。

測試遊戲，按下 W 鍵或向上鍵時角色應該會向前行走，放開按鍵則主角應會立即停止。

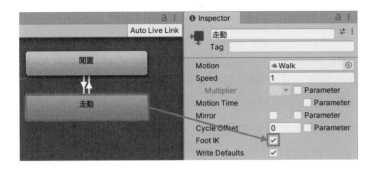

如果你覺得【主角】走路的姿態顯得不自然的話，勾選動畫狀態底下的 [Foot IK] 或有可能解決這個狀況。

檢查器窗格裡 [主角控制 (Script)] 是剛才寫的程式碼，因此程式碼 GetComponent<Animator>() 讀取的是自己的 [Animator]，而【主角動畫控制器】就是 Animator 的一部份：

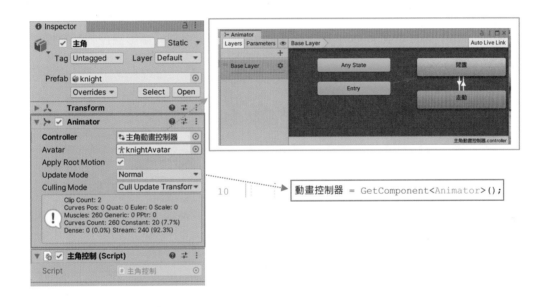

動畫控制器當中 [Parameters] 所列參數，可以在程式碼當中使用 SetBool() 或 SetFloat() 來更改它的值：

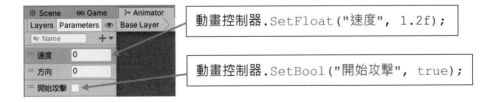

5.9 解決畫面晃動問題

　　測試遊戲時，我們發現畫面隨著角色前進而不斷晃動，此種晃動現象相當惱人，現在要著手解決這個問題。業界在開發遊戲時，程式碼絕對不會一次就可以寫完，通常都是寫一個小功能就會立即測試，如果發現了問題，就馬上修正再重新測試。等到這個小功能測試無誤之後，才會增加新的小功能，然後再重複測試與修正的動作。就如同我們現在想要先完成前進的功能，前進寫完了卻發現畫面會晃動，於是就立即解決畫面晃動問題，然後才會陸續完成全部的動作控制。

　　先將 [Main Camera] 由【主角】身上移到外面。到階層窗格裡面用滑鼠將 [Main Camera] 往外拖離【主角】的範圍然後放開即可，然後將 [Main Camera] 的 Transform 歸零。接著到檢查器窗格裡面點選 [Add Component] → [New script] 並且建立名為【攝影機控制】的程式：

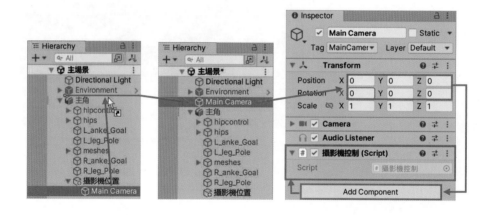

　　修改【攝影機控制】程式碼如下（參見 [Assets/ 第五章 / 攝影機控制 1.cs]）：

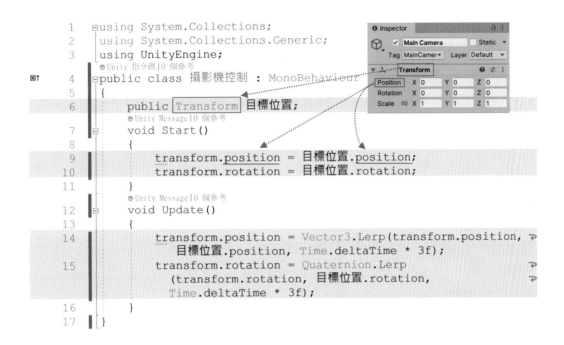

第 6 行程式碼宣告公有的 Transform 類別物件【目標位置】，用來儲存攝影機追蹤目標的 Transform。由於我們加上了 public 關鍵字，所以未來在 Unity 編輯器裡面可以看到這個物件，使用者在設計場景時也可以動態指派內容給它。

第 9 行程式碼只會在遊戲一開始時執行，transform.position 代表的是自己的位置，也就是 [Main Camera] 位置，我們將它設定為【目標位置】的 position。第 10 行作用與第 9 行類似，我們設定攝影機的旋轉量為【目標位置】的旋轉量。於是不論我們將主角放在何處，在遊戲一開始執行時，攝影機就會出現在【目標位置】所指定的地方 (也就是階層窗格裡面【主角】身上的【攝影機位置】)。

第 14 行程式碼則設定攝影機自己的位置（transform.position），為自己目前的位置到目標位置（目標位置 .position）中間某個比率值（此處為 Time.deltaTime * 3f）。

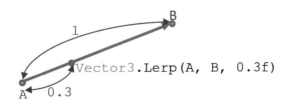

Vector3.Lerp(A, B, 比率) 會得到一個三維向量值，而這個三維向量是由 A 指向 B 的比率位置。例如 Vector3.Lerp(A, B, 0) 會得到 A 位置，Vector3.Lerp(A, B, 0.3f) 的話會得到 A 往 B

之間 0.3 比率的位置，而 Vector3.Lerp(A, B, 1) 則會得到 B 的位置。比率的值應介於 0 到 1 之間，但若比率值大於 1 則視爲 1，小於 0 則視爲 0。假設 A 是攝影機位置，B 是目標位置，則比率不論再怎麼小，只要不爲 0，它就會往 B 的方向前進。由於 Time.deltaTime 是目前每秒畫幀（FPS）之間的間隔時間，依據機器性能不同這個值也會浮動變化，我們用它的值乘上一個固定大小的值，就可以用當成比率使用。快的機器 FPS 較大所以 Time.deltaTime 較小，慢的機器 FPS 較小反而 Time.deltaTime 較大，因此不論機器快慢都可以拿它來控制幾乎恆定的速度。

第 14 行程式碼會讓攝影機持續往追蹤位置前進，卻不會一下子就移到目的地，於是就可以造成緩衝的效果，讓攝影機減少晃動了。

第 15 行利用相似的方式來處理攝影機旋轉的狀況，差別是位置使用 Vector3.Lerp() 來做緩衝，而旋轉則使用 Quaternion.Lerp()，旋轉的目標則是以【主角】（目標位置 .rotation）的旋轉量做爲目標旋轉量以符合攝影機拍攝角度。

程式碼寫好之後，到階層窗格點選 [Main Camera] 然後將【攝影機位置】拖曳到檢查器窗格裡面的【目標位置】，於是【攝影機控制】程式就會追蹤【攝影機位置】了。

請播放遊戲進行測試，攝影機應該可以保持穩定而不會大幅晃動。

第六章　動畫控制器進階

6.1 角色控制器簡介

　　讀者測試遊戲時會發現，按住向上方向鍵之後，【主角】會持續往前走，但是走到貨櫃或是面時卻會穿牆而過，這個問題一定要解決。

　　角色本身並不會分辨場景是否能夠穿越，因此使用一般控制方式時，角色會無視各種障礙物而直接過去。依據遊戲對角色的不同控制方式，場景穿越有不同的解決方法，本專案先介紹使用角色控制器 (Character Controller) 做為【主角】動作控制方式，以提供碰撞偵測與基本角色控制功能。

　　點選【主角】並在檢查器窗格裡面按下 [Add Component] 按鈕後，新增 [Physics] → [Character Controller] 元件。新增元件已經截圖介紹過許多次，本書未來將以 [Add Component] → [Physics] → [Character Controller] 的形式表達，而不再截圖呈現：

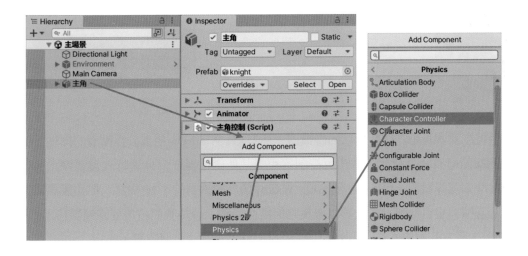

　　角色控制器是 Unity 內建用來控制角色移動的元件，它可以主動判別場景，並且依據使用者的設定條件，決定哪些地方可以穿越、高度落差（Step Offset）多少以內可以踩上去、斜率（Slope Limit）小於幾度時可以爬上去，以及具備碰撞偵測能力（亦即可以當成碰撞器使用）。

場景窗格使用綠色膠囊外框呈現角色控制器，用以標示它的位置與大小。我們觀察到，[Character Controller] 的位置與大小沒有完整覆蓋【主角】，因此調整角色控制器的大小為高度（Height）1.8 公尺，中心點位置高度（Center → Y）為 0.9 公尺，半徑 0.25 公尺。

播放遊戲以進行測試，此時【主角】已經不會穿越貨櫃。角色控制器提供便捷的方式，以控制不使用物理模擬功能的物件。

請嘗試播放遊戲，此時會發現【主角】的腳掌脫離地面。這是因為 [Skin Width] 值為 0.08 導致，請將 [Center] → [Y] 值改為 0.98 就可以解決這個問題。

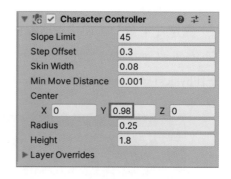

　　角色控制器本身是一個膠囊狀的碰撞器，而 [Skin Width] 則相當於緩衝層的厚度。0.08 的設定是指緩衝層有 8 公分厚，當角色控制器距離其他碰撞器 8 公分遠時就需要停止，以避免發生碰撞與刺穿等狀況。Unity 建議 [Skin Width] 值為碰撞器的 1/10 為宜，但預設值為 0.08，導致角色碰撞器會自行離地 8 公分以避免它與地面接觸。於是我們將角色碰撞器往上抬高（Y軸）8 公分，將它的值由 0.9 公尺改為 0.98 公尺，就可以解決這個問題了。

6.2 自行控制角色移動

遊戲動畫通常由外部軟體建置，再匯入到 Unity 引擎使用。如果匯入動畫有內建位移，則我們可以在 [Animator] 設定 [Apply Root Motion] 項目選擇是否要套用內建位移。

若將 [Apply Root Motion] 勾銷 **Apply Root Motion** ☐ 然後再播放遊戲，此時角色雖然會播放動畫卻不會前進。

製作動畫時，如果能夠讓它移動的速度符合遊戲的設定最為理想，萬一匯入動畫使用的位移大小不符預期時，就只好使用程式來控制了。以下將介紹如何由程式控制位移。

修改【主角控制】程式碼以自行控制移動與旋轉（參見 [Assets/ 第六章 / 主角控制 2.cs]）：

```
 1    ⊞using ...
 4
      ⊕Unity 指令碼 (1 個資產參考) |0 個參考
 5    ⊟public class 主角控制 : MonoBehaviour
 6    {
 7        Animator 動畫控制器;
 8        CharacterController 角色控制器;
      ⊕Unity Message |0 個參考
 9        void Start()
10        {
11            動畫控制器 = GetComponent<Animator>();
12            角色控制器 = GetComponent<CharacterController>();
13        }
      ⊕Unity Message |0 個參考
14        private void OnAnimatorMove()
15        {
16            float 上下鍵 = Input.GetAxis("Vertical");
17            float 左右鍵 = Input.GetAxis("Horizontal");
18            transform.Rotate(new Vector3(0, 左右鍵 *
                Time.deltaTime * 100, 0), Space.World);
19            角色控制器.Move(transform.forward * 上下鍵 *
                Time.deltaTime);
20        }
      ⊕Unity Message |0 個參考
21        void Update()
22        {
23            float 上下鍵 = Input.GetAxis("Vertical");
24            動畫控制器.SetFloat("速度", 上下鍵);
25        }
26    }
```

使用程式控制位移而不是在動畫製作時套用位移，容易因為動畫腳步大小與移動速度不符，導致視覺上產生滑步現象，所以需要小心使用。

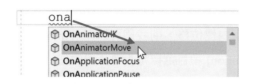

註：輸入 OnAnimatorMove() 時可以直接鍵入 ona 字樣，然後使用 Visual Studio 的自動完成功能輸入。

第 8 行宣告名為【角色控制器】的 CharacterController 物件，並且配合第 12 行程式碼，用來存放自己的角色控制器（Character Controller）。然後在第 14 到 20 行之間覆寫 OnAnimatorMove() 方法，用來控制角色移動。

Unity 程式設計時，凡是寫在 OnAnimatorMove() 裡面的程式碼，都會在驅動動畫控制器移動時被呼叫，可以在裡面撰寫程式碼來改變角色位置。

第 16 行讀取上下鍵值並存放到【上下鍵】，第 17 行讀取左右鍵值並存放到【左右鍵】。

第 18 行旋轉角色。transform.Rotate(三維角度 , 座標區域) 可以讓我們依據 Vector3(x, y, z) 三軸的值進行旋轉，如果指定座標區域為 Space.Self 代表是使用自己為中心的座標，如果使用 Space.World 則代表使用世界座標。我們讀取到左右鍵值之後，打算讓角色以自己為中心旋轉方向，也就是繞著 Y 軸轉，因此只需要旋轉 Vector3(0, y, 0) 的值就可以了。旋轉角度可直接使用左右鍵值乘上 Time.deltaTime 以及一個數值，然後自行調整一下乘數大小，就可以達到目的了。

第 19 行移動角色控制器，CharacterController.Move（方向向量）可以讓角色控制器往方方向量移動。此處我們使用：

角色控制器 .Move(transform.forward * 上下鍵 * Time.deltaTime);

transform.forward 是 Unity 提供的功能，代表遊戲物件自己正前方方向的單位向量，然後乘上【上下鍵】值當成速度向量，再乘上 Time.deltaTime 來控制速度，命令角色控制器往正前方以這個速度移動。請注意，由於在第 19 行時已經將角色旋轉了，所以第 20 行只要往正前方移動即可，這兩行命令正好可以組合出往各種方向移動的效果。

使用以上這種控制方式時，動畫控制器的功能僅限播放動畫，而位移則依賴自行撰寫程式碼控制，要實作出完美的動畫會比較麻煩，此處範例僅供練習之用，未來要記得復原。

測試遊戲，此時【主角】應該可以前進與左右轉向移動。

本章並不打算使用 OnAnimatorMove() 方式控制【主角】移動，所以請將【主角控制】程式碼第 8 行以及第 12 行刪除，接著將 float 左右鍵以及 transform.Rotate() 這兩行命令拷貝到 Update() 裡面，然後將 OnAnimatorMove() 方法刪除，更改程式碼如下（參見 [Assets/ 第六章 / 主角控制 3.cs]）：

```
 1    ⊞using ...

 4
        ⚙ Unity 指令碼 (1 個資產參考) | 0 個參考
 5    ⊟public class 主角控制 : MonoBehaviour
 6    {
 7        Animator 動畫控制器;
            ⚙ Unity Message | 0 個參考
 8        void Start()
 9        {
10            動畫控制器 = GetComponent<Animator>();
11        }
            ⚙ Unity Message | 0 個參考
12        void Update()
13        {
14            float 上下鍵 = Input.GetAxis("Vertical");
15            動畫控制器.SetFloat("速度", 上下鍵);
16            float 左右鍵 = Input.GetAxis("Horizontal");
17            transform.Rotate(new Vector3(0, 左右鍵 *
                Time.deltaTime * 100, 0), Space.World);
18        }
19    }
```

第 16 與 17 行程式碼由 OnAnimatorMove() 拷貝而來，要自己重新寫過也可以。

請將程式碼存檔，在階層窗格裡面點選【主角】後，到檢查器窗格的 [Animator] 元件裡面勾選 [Apply Root Motion] 項目，以便使用動畫自帶位移。請確實將程式與設定復原，才不會讓後續部份發生錯誤。

再次測試遊戲，此時主角依舊可以前進並改變方向，只是移動方式改由動畫本身自帶位移來控制。

6.3 動畫控制器進階

　　專案到目前為止可以使用往上的方向鍵控制角色向前移動，而且會依據原本動畫設計的位移量進行位移，同時【主角】可以左右旋轉並朝著旋轉方向移動。然而許多遊戲的左右轉彎移動採用分開製作的動畫，而不是如同上一節我們使用旋轉並直走的方式來模擬。本章範例專案資源裡面，左右轉的動畫就包含原地左轉右轉、小幅左右轉前進、中等幅度左右轉前進與大幅度左右轉前進等不同動畫。

　　目前我們已經能讓【主角】依據鍵盤輸入而向前移動，接著就可以開始規劃要如何控制角色了。實務上角色控制很難一次製作到位，通常都是先想個大概然後動手下去做，然後再依據不足的部份進行修改，反覆試作修正直到完全滿意為止。

　　本遊戲專案角色動作規劃如下：

1. 按下前進（W 或↑）時角色往前直走，按下左邊的 Shift 鍵則會改成用跑的。
2. 同時按下前進或方向鍵（A/D 或←→）時左轉或右轉前進。
3. 只按下方向鍵（A/D 或←→）時原地左右轉。
4. 按下滑鼠左鍵時攻擊敵人。

　　接下來我們要利用動畫控制器功能，逐步完成以上規劃的控制方式。這裡要說明一下，實務上應該使用滑鼠控制方向較為直覺，並且只需要使用前進與後退的動畫就能輕鬆完成方向控制。本遊戲專案則是為了學習動畫控制器的進階使用方式，因此才會示範如何使用左右鍵來控制方向。由於動畫控制是遊戲設計當中極重要的一環，因此讀者有必要掌握動畫進階控制技巧。本書將會先帶領讀者學習基本動畫控制，建立動畫狀態的基本概念，再接著學習動畫混合，以便熟練地控制各種動作變換。動畫控制器實際上是有限狀態機 Finite State Machine(FSM) 的應用，此為資訊工程領域必修範圍，有興趣的讀者可自行研究相關文獻。

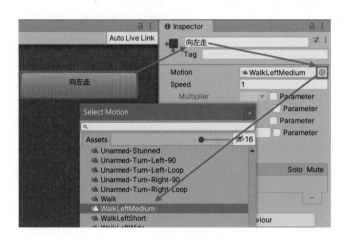

新增左右滑鼠雙擊【主角動畫控制器】，然後在 Animator 窗格編輯區按下滑鼠右鍵後 [Create State] → [Empty]，並且命名【向左走】，然後指定動畫為[WalkLeftMedium]。

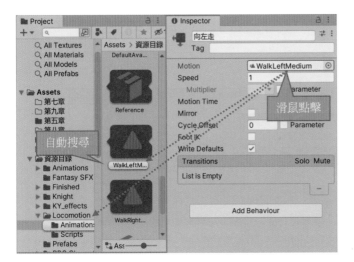

我們在製作動畫狀態時，往往需要觀察或調整動畫以便決定是否合用。此時可以先點選 [Motion] 項目，則專案窗格會自搜尋該動畫在資源檔案的位置。

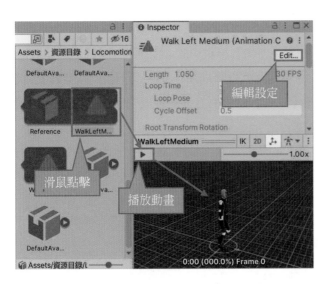

找到動畫位置之後，我們可以直接點選動畫（WalkLeftMedium），然後再按下檢查器窗格裡面的播放按鈕就可以觀看動畫，按下 [Edit] 按鍵則可編輯該動畫的相關設定。

　　觀察一下目前使用的 [WalkLeftMedim]，此動畫內容是向左轉彎前進且自帶位移量，再思考一下左轉前進是什麼樣的狀況下出現的呢？此動畫應該是往前走的時候，使用者同時又按下向左的按鍵時才要播放。如果使用者只按下向左按鍵的話，那我們到時只要播放原地左轉的動畫，而不是向左走。

接下來我們要讓動畫控制器依據我們的想法運作。點選【走動】狀態，並按下滑鼠右鍵後選擇 [Make Transition]，製作向【走動】指向【向左走】的狀態過渡，並利用相同方式建立【向左走】指向【走動】的狀態過渡。

點選【走動】指向【向左走】的狀態過渡，勾銷 [Has Exit Time]，並且增加一個 Condition，設定【方向】小於 -0.1：

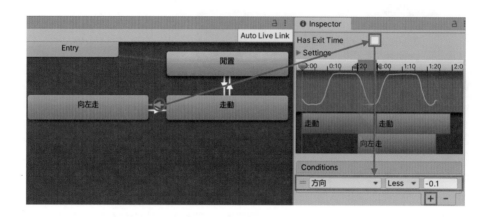

以上設定的意思是在【走動】狀態下，如果【方向】參數小於 -0.1 則立即 (因為勾銷 [Has Exit Time]) 進入【向左走】狀態。此設定的邏輯是我們打算向前走 (在【走動】狀態) 時，按下左鍵就進入【向左走】狀態。左鍵按下後【方向】值會由 0 逐漸變成 -1，為了怕操作時誤觸按鍵所以設定【方向】小於 -0.1 才播放動畫。

以同樣方式建立由【向左走】指向【走動】的狀態過渡。勾銷 [Has Exit Time]，設定【方向】大於 -0.1 時由【向左走】轉變為【閒置】：

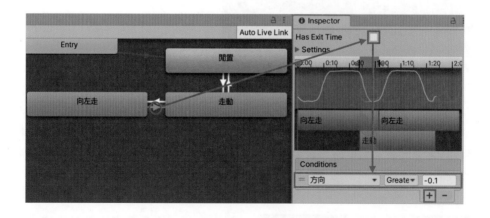

修改【主角控制】程式，以便改用動畫控制器的【向左走】狀態向左移動（參見 [Assets/ 第六章 / 主角控制 4.cs]）：

```
 1    ⊞using ....
 4
      ⊕Unity 指令碼 (1 個資產參考)|0 個參考
 5    ⊟public class 主角控制 : MonoBehaviour
 6    {
 7        Animator 動畫控制器;
          ⊕Unity Message|0 個參考
 8        void Start()
 9        {
10            動畫控制器 = GetComponent<Animator>();
11        }
          ⊕Unity Message|0 個參考
12        void Update()
13        {
14            float 上下鍵 = Input.GetAxis("Vertical");
15            動畫控制器.SetFloat("速度", 上下鍵);
16            float 左右鍵 = Input.GetAxis("Horizontal");
17            動畫控制器.SetFloat("方向", 左右鍵);
18        }
19    }
```

第 17 行程式碼由原本 transform.Rotate() 方法改成設定動畫控制器的【方向】參數，以便利用【向左走】狀態播放動畫。

　　請讀者測試遊戲。走動狀態下只要按下左鍵則主角會往左走，放開之後則主角會恢復走動（如果向上鍵沒放開）或閒置（如果向上鍵放開）狀態。

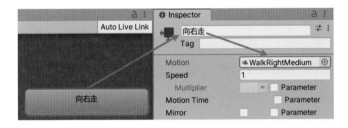

利用同樣的方式建立【向右走】狀態，並將動畫設定為 [WalkRightMedium]。

　　比照之前的做法，建立【走動】指向【向右走】的狀態過渡，勾銷 [Has Exit Time]，在 [Conditions] 內加入【方向】大於 0.1 這個條件：

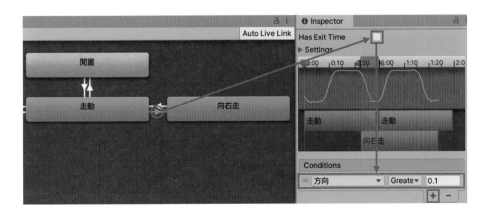

建立【向右走】指向【閒置】的狀態過渡，勾銷 [Has Exit Time]，在 [Conditions] 內加入【方向】小於 0.1 這個條件（請參見 [Assets/ 第六章 / 主角動畫控制器 2]）：

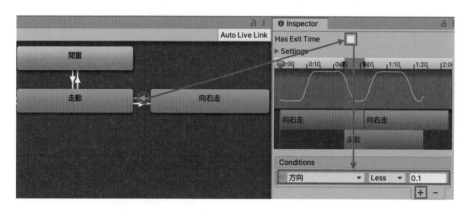

測試遊戲，現在應該要能在【閒置】狀態、【走動】、【向左走】以及【向右走】狀態間正常切換，否則應往回檢查何處發生錯誤。

6.4 動畫混合樹

目前【主角】動畫雖然可以運作，但是切換左右轉動畫時往往腳步非常不順，有類似步伐錯亂的狀況出現，發生這種現象的原因是由於動畫強制切換造成。Unity 的動畫控制器具備動畫混合功能，可以讓不同動畫之間用混合的方式產生漸進式改變，就不會發生動畫切換不順暢的現象了。

現在來介紹如何製作動畫混合樹（Blend Tree），我們將用它來代替先前製作的【走動】、【向左走】以及【向右走】三個動畫狀態。在動畫控制器編輯區空白處按下滑鼠右鍵，然後選擇 [Create State] → [From New Blend Tree]，並將它命名為【一般動作】：

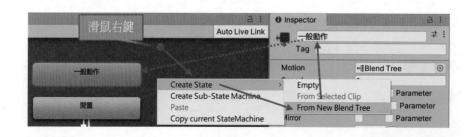

滑鼠雙擊【一般動作】後進入修改動畫混合樹編輯畫面，請注意窗格上緣顯示的 一般動作 符號，代表正在編輯的是【一般動作】。編輯區內的 Blend Tree 方塊即是我們目前要混合動畫的區塊，點選 [Blend Tree] 後由檢查器窗格新增動作。

　　原先我們在【走動】狀態時，只要【方向】參數發生變化就改變動畫為向左或向右轉彎前進，所以前進時轉彎控制的關鍵在於【方向】。

點選 [Blend Tree] 然後到檢查器窗格修改 [Parameter] 為【方向】，代表未來這一組動畫要怎麼播放是由【速度】值決定的。

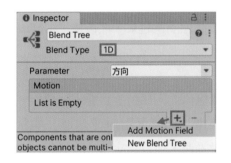

預設動畫混合類型 [Blend Type] 是 1D，也就是利用 1 個參數來控制動畫混合的意思。新增動畫。原本【方向】小於 -0.1 時往左轉，【方向】為 0 時直走，【方向】大於 0.1 時向右走，於是我們照著數值由小到大的順序來增加動畫。點選 [Motion] 項目的 ➕ 符號，然後選擇 [Add Motion Field]。

於 [Motion] 項目點選 None (Motion) 當中的 ⊙ 符號，然後選擇 [WalkLeftMedium]：

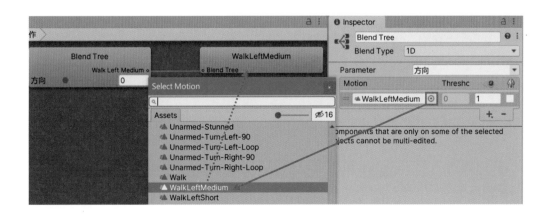

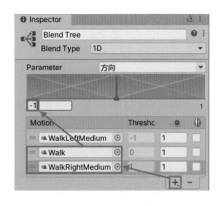

使用相同方式依序新增 [Walk] 及 [WalkRightMedium]，然後用滑鼠點選 Parameter 圖形下面的 0 字並修改最小值為 -1。

左側動畫混合樹的意思是：當【方向】值等於 -1 時就完全播放 [WalkLeftMedium] 動畫，隨著【方向】值增加，系統將 [WalkLeftMedium] 按比例混合 [Walk] 動畫播放，到【方向】值等於 0 時完全播放 [Walk] 動畫，直到【方向】值等於 1 時完全播放 [WalkRightMedium] 動畫。

點選 [Base Layer] 以回到上一層。

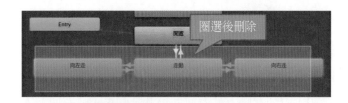

回到上一層畫面後，用滑鼠將【向左走】、【走動】以及【向右走】三個動畫狀態圈選起來，然後按下 Delete 按鍵刪除。

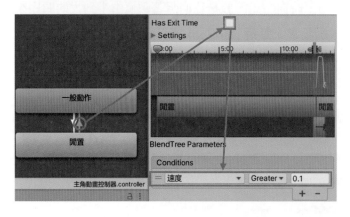

刪除以上三個動畫狀態後，製作一條由【閒置】指向【前進】的狀態過渡，並且指定 [Conditions] 為【速度】大於 0.1，勾銷 [Has Exit Time]：

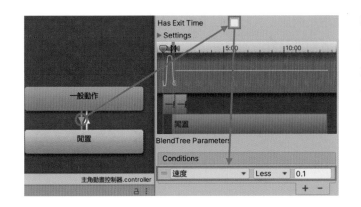

製作一條由【前進】指向【閒置】的狀態變化線，並且指定 [Conditions] 為【速度】小於 0.1，勾銷 [Has Exit Time]。

　　以上成品可以參見 [Assets/ 第六章 / 主角動畫控制器 3]。請測試遊戲，現在主角可以正常行進和轉彎，不會出現步伐錯亂現象。步伐雖然不會錯亂，但卻發現按著往上的按鍵不放，同時切換左右鍵的話，角色會有不正常的動作晃動。這個狀況的主要原因是來自於動畫本身設計，往左彎時身體往左傾，往右彎時身體往右傾，切換左右轉彎時的動作變化實在太大才會造成動作晃動。最好的解決方案還是由動畫設計下手，但是程式也能解決部份問題，降低畫切換速度亦可減緩動作晃動現象，請將【主角控制】修改如下（參見 [Assets/ 第六章 / 主角控制 5.cs]）：

```
1    using System.Collections;
2    using System.Collections.Generic;
3    using UnityEngine;
4
     ⊕Unity 指令碼 (1 個資產參考)|0 個參考
5    public class 主角控制 : MonoBehaviour
6    {
7        Animator 動畫控制器;
         ⊕Unity Message|0 個參考
8        void Start()
9        {
10           動畫控制器 = GetComponent<Animator>();
11       }
         ⊕Unity Message|0 個參考
12       void Update()
13       {
14           float 上下鍵 = Input.GetAxis("Vertical");
15           動畫控制器.SetFloat("速度", 上下鍵);
16           float 左右鍵 = Input.GetAxis("Horizontal");
17           動畫控制器.SetFloat("方向", 左右鍵, 0.15f,
                 Time.deltaTime);
18       }
19   }
```

　　第 17 行程式碼設定【動畫控制器】的【方向】參數值的時候，額外給了兩個參數。第三個參數 0.15f 的意思是設定改變數值的緩衝時間 0.15 秒，第四個參數則是使用 Time.deltaTime

做爲時間緩衝的參考基準（多半狀況下使用這個值）。經過以上設定再測試程式時，已經不會出現左右轉彎切換時的晃動現象。此種方式切換轉彎的速度會略慢一些，讀者可以依據自己喜好調整 0.15 秒爲其他值，可以讓反應速度變快或變慢，遊戲程式設計經常使用上述技巧讓動作切換變得更加平順。

6.5 2D 動畫混合樹

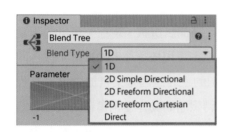

Unity 的動畫混合樹有 5 種類別，目前已經介紹過使用一個參數來控制動畫混合的 1D 類型，另外還有四種如左圖所示。其中 2D 類型的動畫混合樹代表使用 2 個參數來控制動畫，例如我們可以同時考慮【速度】以及【方向】來混合不同的動畫。

其他四種動畫混合樹簡介如下：

1. 2D Simple Directional：用來控制簡單動畫，各變數的方向只能有一個動畫，例如【向左走】、【向右走】、【向前走】、【向後走】再額外多一個原點位置放【閒置】動畫。

2. 2D Freeform Directional：由一個動畫爲中心點 (原點)，然後往各個方向都可以有超過一個以上的動畫混合，例如原點是【閒置】然後往【速度】方向可以由閒置變成走再變成跑，往【左右】方向也可以由原地左右轉變成左右走再變成左右跑。

3. 2D Freeform Cartesian：這種動畫混合樹適用於兩個不同參數代表不同概念的形式，例如一個值代表直線速度，另一個用來代表旋轉速度。

4. Direct：以權重方式來混合動畫，適合應用於臉部動畫或者隨機動作混合等動畫。

由於篇幅所限，本書僅再多加介紹 2D Freeform Directional 動畫混合樹。

原本我們使用 1D 動畫混合樹已經可以順利將直走、向左走以及向右走等動畫混合起來，現在我們嘗試將【速度】參數加入動畫混合樹，將【閒置】動畫也放進來混合。點選 [Blend Tree] 然後修改 [Blend Type] 爲 [2D Freeform Directional]：

此時畫面將變成下圖這樣：

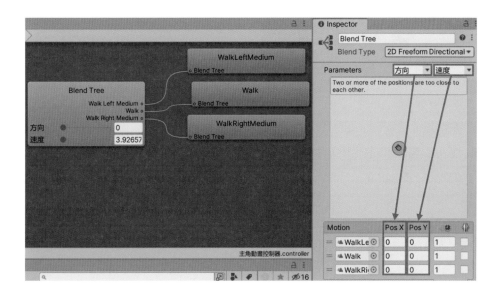

　　由於我們之前已經使用【方向】做 1D 動畫混合了，所以 X 軸（左右）方向預設是【方向】參數，而垂直的 Y 軸方向則是【速度】參數。

　　首先讓動畫控制器恢復原本功能，也就是 (A)【速度】為 1 時播放 [Walk] 前進，(B) 前進（速度為 1) 時【方向】為 -1 則播放 [WalkLeftMedium] 向左走，(C) 前進（速度為 1）時【方向】為 1 則播放 [WalkRightMedium] 向右走。

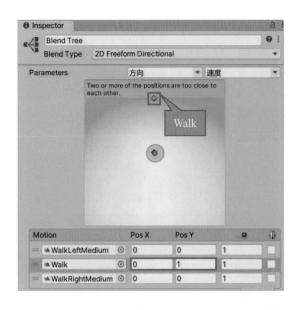

現在來完成 (A) 這個動畫，在 [Walk] 動畫的 Pos X 填入 0 以代表【方向】等於 0，在 Pos Y 填入 1 以代表【速度】等於 1。

左圖組合起來的意思就是當 (Pos X, Pos Y) 也就是 (方向 , 速度) 值為 (0, 1) 時，完全播放 [Walk] 動畫。而後面 ⚙ 記號的值代表播放速度，所以是使用原本的速度 1 來播放。

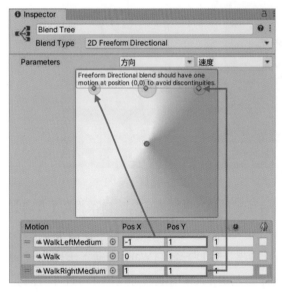

接著完成 (B) 這個動畫，設定 (Pos X, Pos Y) 值也就是 (方向 , 速度) 為 (-1, 1) 時播放 [WalkLeftMedium]。同理，(C) 這個動畫就是 (Pos X, Pos Y) = (1, 1)：

Motion	Pos X	Pos Y	⚙	
≡ WalkLeftMedium ⊙	-1	1	1	
≡ Walk ⊙	0	1	1	
≡ WalkRightMedium ⊙	1	1	1	
≡ Idle ⊙	0	0	1	

以上操作已將原本三個動畫混合起來，接著要加入閒置動畫。按下 ➕ 號並選擇 [Add Motion Field] 後新增 [Idle] 動畫 (選第 2 個 Idle)。由於【方向】等於 0 且【速度】等於 0 時要閒置，所以 (Pos X, Pos Y) = (0, 0)。

　　點選 [Base Layer] 回到上一層動畫，然後在 [Base] 層動畫點選【閒置】並按下滑鼠右鍵選擇 [Delete] 以刪除【閒置】狀態：

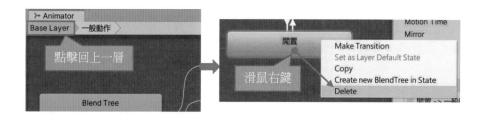

此時動畫控制器會自動將【一般動作】變成預設狀態。

　　現在增加原地左右轉彎動畫。滑鼠雙擊動畫器窗格編輯區內的【移動與閒置】，以編輯動畫混合樹，然後在編輯區先點選 [Blend Tree]，再到檢查器窗格點選 ➕ 符號以新增加兩筆空白動畫：

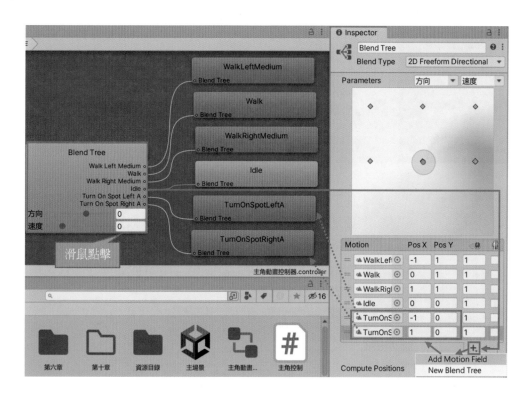

設定其中一個動畫是 [TurnOnSpotLeftA]，且 (Pos X, Pos Y) 值為 (-1, 0)，意思是當【方向】為 -1 且【速度】為 0 時則播放 [TurnOnSpotLeftA] 原地向左轉的動畫。設定另一個動畫是 [TurnOnSpotRightA]，且 (Pos X, Pos Y) 值為 (1, 0)，意思是當【方向】為 1 且【速度】為 0 時則播放 [TurnOnSpotRightA] 原地向左轉的動畫。本專案僅是做為教學之用，讀者可以任意匹配不同動畫，以嘗試自己想要的效果。

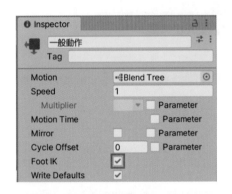

測試一下遊戲，【主角】不但能夠做到以前的動作，甚至只按下左右鍵時亦會左右轉。仔細觀察，閒置動畫再度出現腳掌飄移現象，所以在動畫器編輯區點選【一般動作】之後，到檢查器窗格勾選 [Foot IK]，便可以解決這個問題。

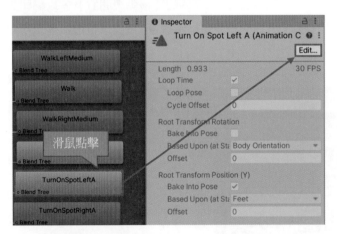

播放遊戲時發現原地僅能向左或向右轉一次，動畫不會連續做下去，我們要將它調整為連續播放以符合需求。請用滑鼠點選動畫器編輯區的 [TurnOnSpotLeftA] 動畫，接著再到檢查器窗格點選 [Edit] 按鍵，就可以調整該動畫設定。

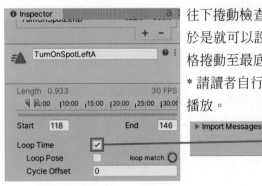

往下捲動檢查器窗格，找到 [Loop Time] 項目並將它勾選起來，於是就可以設定該動畫為連續播放。設定完畢後，將檢查器窗格捲動至最底端，然後按下 [Apply] 按鍵，以便讓設定生效。
* 請讀者自行以相同方式設定 [TurnOnSpotRightA] 動畫為連續播放。

勾選 Loop Time 的用意是讓動畫可以反覆播放，而不要只播放一次就停住。有些動畫不應該反覆播放，例如死亡動畫不應反覆播放，有些動畫如走路則應重複播放，讀者應視情況自行調整 [Loop Time] 設定。現在請重新測試遊戲，各動作應該能順利播放。

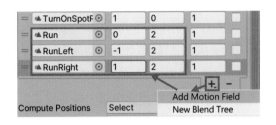

比照先前方式新增三個跑步動畫（請選擇 [Assets/資源目錄 /Animations] 路徑）：

[Run]：X = 0, Y = 2

[RunLeft]：X = -1, Y = 2

[RunRight]：X = 1, Y = 2

新增第一個動畫選擇 Assets/Animations/Runs.fbx 裡面的 [Run] 動畫，並且設定它的 (Pos X, Pos Y)=(0, 2)。意思是說如果【方向】等於 0 且【速度】等於 2 時完全播放向前跑的動畫。第二個動畫選擇 Assets/Animations/Runs.fbx 裡面的 [RunLeft] 動畫，並且設定它的 (Pos X, Pos Y)=(-1, 2)。意思是說如果【速度】等於 2 且【方向】等於 -1 時播放向左跑的動畫。同理我們加入 [RunRight] 並設定 (Pos X, Pos Y) = (1, 2)。

經過以上設定之後，只要【速度】的值往上增加超過 1 就會混合跑步動畫，直到【速度】值為 2 時完全播放。不過我們還需要改寫一下【主角控制】程式才能達到目的（參見 [Assets/第六章 / 主角控制 6.cs]）：

```
 1   ⊞using ...
 4
     ⊕Unity 指令碼 (1 個資產參考)|0 個參考
 5  ⊟public class 主角控制 : MonoBehaviour
 6   {
 7       Animator 動畫控制器;
         ⊕Unity Message|0 個參考
 8  ⊟    void Start()
 9       {
10           動畫控制器 = GetComponent<Animator>();
11       }
         ⊕Unity Message|0 個參考
12  ⊟    void Update()
13       {
14           float 上下鍵 = Input.GetAxis("Vertical");
15           if (Input.GetKey(KeyCode.LeftShift))
16               上下鍵 *= 2;
17           動畫控制器.SetFloat("速度", 上下鍵, 0.15f,
                 Time.deltaTime);
18           float 左右鍵 = Input.GetAxis("Horizontal");
19           動畫控制器.SetFloat("方向", 左右鍵, 0.15f,
                 Time.deltaTime);
20       }
21   }
```

第 15 行讀取是否使用者按下了左邊的 Shift 按鍵，如果有按下左 Shift 則要執行第 16 行的命令。Input.GetKey(按鍵碼) 用來讀取鍵盤的某個按鍵是否被按著不放，Input. GetKeyDown(按鍵碼) 是當按鍵被按下去的瞬間才會傳回 true 值，Input.GetKeyUp(按鍵碼) 則是在按鍵被放開的瞬間才會傳回 true 值。KeyCode 是列舉型態，用來讓使用者可以更方便的指定按鍵的值（不然誰記得住左邊的 Shift 是什麼值）。KeyCode.LeftShift 代表的是鍵盤左 Shift 鍵的意思，讀者如果使用 Visual Studio 的智慧諮詢功能的話，只需要上下捲動選擇即可，十分方便。

第 20 行是 上下鍵 = 上下鍵 * 2; 的簡便寫法，讀者應該要習慣此種便捷語法，專業程式設計師多採用此種語法撰寫程式。由於 Input.GetAxis("Vertical") 讀取到的值在正負 1 之間，所以我們在讀到左 Shift 之後就將【上下鍵】的值乘以 2，於是在第 21 行設定動畫控制器的【速度】參數時，才能夠將它的值設定到 2，如此才可以完全進入跑步狀態。

現在測試遊戲應該可以順利跑步了，但在按下 Shift 鍵時由走路變成跑步之間的速度變化實在太大而不協調，所以需要調整一下程式，讓【上下鍵】值變化也加上緩衝效果，所以在第 17 行程式碼採用了與第 19 行程式碼類似的做法以達到目的。

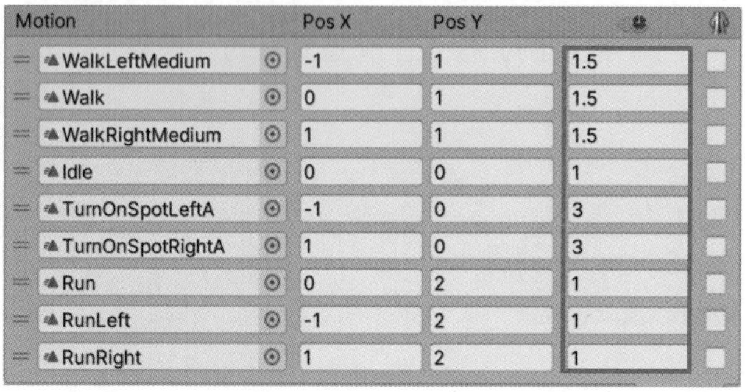

Motion		Pos X	Pos Y	⚙	
= WalkLeftMedium	⊙	-1	1	1.5	☐
= Walk	⊙	0	1	1.5	☐
= WalkRightMedium	⊙	1	1	1.5	☐
= Idle	⊙	0	0	1	☐
= TurnOnSpotLeftA	⊙	-1	0	3	☐
= TurnOnSpotRightA	⊙	1	0	3	☐
= Run	⊙	0	2	1	☐
= RunLeft	⊙	-1	2	1	☐
= RunRight	⊙	1	2	1	☐

經過以上調整，由於動畫使用漸進式的混合過程，動畫位移量也會因此而混合，故而由走路切換到跑步之間的速度亦會呈現比例性的變化，讓動畫變得更合理且順暢。動畫能夠順暢播放之後，再一面測試遊戲一面微調各動畫的播放速度如左圖所示。

以上播放速度僅供參考，讀者可以自行測試與調整。至此讀者應該明白動畫混合樹功能優越之處，應多加練習。本節動畫控制器成品請參見 [Assets/ 第六章 / 主角動畫控制器 4]。

當我們熟悉鍵盤控制之後，一定會想到遊戲的轉彎方式通常是由滑鼠左右移動來加以控制，所以現在要修改【主角控制】來達到這個目的（參見 [Assets/ 第六章 / 主角控制 7.cs]）：

```
  1    ⊟using ...
  4
        ●Unity 指令碼 (1 個資產參考) | 0 個參考
  5    ⊟public class 主角控制 : MonoBehaviour
  6     {
  7         Animator 動畫控制器;
            ●Unity Message | 0 個參考
  8    ⊟    void Start()
  9         {
 10             動畫控制器 = GetComponent<Animator>();
 11         }
            ●Unity Message | 0 個參考
 12    ⊟    void Update()
 13         {
 14             float 上下鍵 = Input.GetAxis("Vertical");
 15             if (Input.GetKey(KeyCode.LeftShift))
 16                 上下鍵 *= 2;
 17             動畫控制器.SetFloat("速度", 上下鍵, 0.15f,
                  Time.deltaTime);
 18             float 左右鍵 = Mathf.Clamp(Input.GetAxis("Mouse X") *
                  3, -1, 1);
 19             動畫控制器.SetFloat("方向", 左右鍵, 0.1f,
                  Time.deltaTime);
 20         }
 21     }
```

第 18 行程式碼的目的是讀取滑鼠左右移動值並將它轉換成 -1 至 +1 之間的浮點數，然後將它指定給【左右鍵】。Input.GetAxis("Mouse X") 用來讀取滑鼠左右移動 ("Mouse X") 的值，然後將它的值放大三倍，變成 Input.GetAxis("Mouse X")*3。Mathf.Clamp(x, a, b) 用來控制數值 x 在 a 到 b 之間。於是 Mathf.Clamp(Input.GetAxis("Mouse X") * 3, -1, 1); 就可以控制讀取滑鼠的值在放大 3 倍之後依舊位於正負 1 之間。

第 19 行程式碼小幅修改了緩衝數值，由 0.15 改成 0.1，以便讓滑鼠轉向稍微靈敏一些，讀者可以自行調整該數值，不必刻意與本書範例相符。

請讀者再次測試程式，此時遊戲應該是鍵盤控制前進與跑步而滑鼠控制方向了。

6.6 加入攻擊動畫

角色基本控制完成之後，就可以加入其他如攻擊相關的動畫。請讀者理解，真實的動作遊戲還會包含格擋、潛行、跳躍、翻滾等動畫，由於做法十分類似，為了節省篇幅只能示範部份動畫，其餘可自行規劃與練習。目前本遊戲專案動畫數量已經不少，有必要先大致了解哪些動畫可以使用。

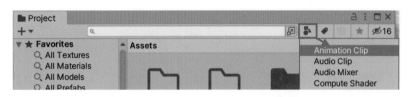

請到專案窗格點選 [圖示]
圖樣之後選擇 [Animation Clip]，可以顯示所有的動畫片段資源。

　　調整專案窗格右下角的縮放條至最小，就會直接使用檔案名稱的方式顯示，將更容易觀察動畫名稱以猜測其內容。在專案窗格點選動畫後，到檢查器窗格下方按下 [▶] 就可以播放動畫。

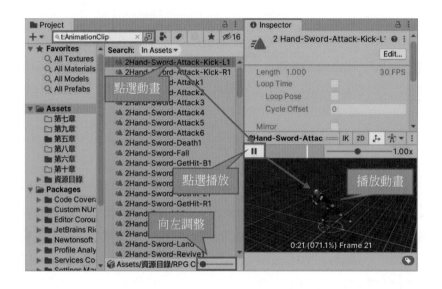

如果未來想要利用 [Favorites] 來直接選取動畫，可以按下 [★] 再輸入「動畫」字樣，於是 [Favorites] 將出現【動畫】目錄。

　　專案窗格的 [Favorites] 功能非常實用，我們可以用它快速取得特定資源。當我們不想要使用 [Favorites] 或篩選功能時，只要按下 [+▼] [Q t:AnimationClip ×] 裡面的 × 符號即可。

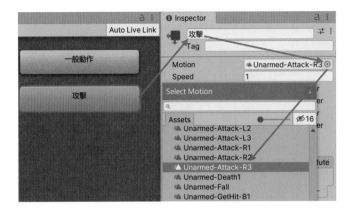

編輯【主角動畫控制器】，使用滑鼠右鍵新增 [Create State] → [Empty] 狀態，並將它命名為【攻擊】，然後加入 [Unarmed-Attack-R3] 動畫。

若覺動畫顯示不夠順暢，讀者可嘗試勾選 [Foot IK] 以調整動畫狀態，本書未來將不再提醒。

在 [Any State] 上面按下滑鼠右鍵，選擇 [Make Transition]，然後製作 [Any State] 指向 [攻擊] 的狀態過渡。接著設定狀態過渡條件【開始攻擊】為 true，並勾銷 [Has Exit Time]：

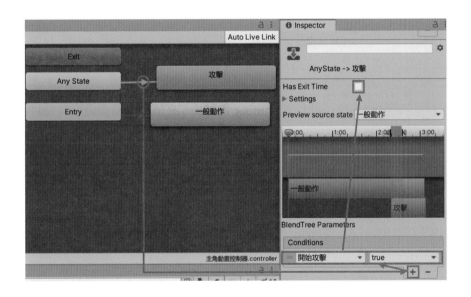

以上操作的意思是說，不論在任何狀態之下（Any State），只要【開始攻擊】的值是 true，就會立即播放【攻擊】動畫。

接著修改【主角控制】程式，讓使用者按下滑鼠左鍵時進行攻擊（請參見 [Assets/ 第六章 / 主角控制 8.cs]）：

```
 1    ⊞using  ...

 4
      ⦿Unity 指令碼 (1 個資產參考)|0 個參考
 5    ⊟public class 主角控制 : MonoBehaviour
 6    {
 7        Animator 動畫控制器;
          ⦿Unity Message|0 個參考
 8    ⊞    void Start() ...
          ⦿Unity Message|0 個參考
12    ⊟    void Update()
13        {
14            float 上下鍵 = Input.GetAxis("Vertical");
15            if (Input.GetKey(KeyCode.LeftShift))
16                上下鍵 *= 2;
17            動畫控制器.SetFloat("速度", 上下鍵, 0.15f,      ⤸
                Time.deltaTime);
18            float 左右鍵 = Mathf.Clamp(Input.GetAxis("Mouse X") *  ⤸
                3, -1, 1);
19            動畫控制器.SetFloat("方向", 左右鍵, 0.1f,         ⤸
                Time.deltaTime);
20            if (Input.GetMouseButton(0))
21                動畫控制器.SetBool("開始攻擊", true);
22            else
23                動畫控制器.SetBool("開始攻擊", false);
24        }
25    }
```

第 20 行程式碼利用 Input.GetMouseButton(按鍵值) 來偵測滑鼠按鍵是否被持續按下，按鍵值 0 代表左鍵，按鍵值 1 代表右鍵。我們要偵測滑鼠左鍵是否被一直按著，所以使用的是 Input.GetMouseButton(0)。如果滑鼠右鍵被按著不放，則 Input.GetMouseButton(0) 會傳回 true 值使得 if() 命令成立而執行第 21 行程式碼。

除了 GetMouseButton() 用來偵測滑鼠按鍵是否被持續按下之外，GetMouseButtonDown() 只有在滑鼠按下按鍵的瞬間會傳回 true 值，GetMouseButtonUp() 只有在放開滑鼠按鍵時才會傳回 true 值。

第 21 行設動畫控制器裡面的【開始攻擊】參數為 true，於是【主角動畫控制器】就會自動切換進入【攻擊】狀態。

第 22 行是 if－else 命令的判斷條件不成立部份，也就是說當第 20 行 if 判斷為 false 時，要執行第 27 行的意思。

如果第 20 行判斷為 false，代表滑鼠左鍵沒有被按下，於是我們就在第 23 行設定動畫控制器的【開始攻擊】參數為 false，以避免【主角動畫控制器】持續進入【攻擊】狀態。

測試遊戲，我們發現如果一直連續點擊滑鼠左鍵，則攻擊動畫會連續快速的播放，動畫沒有播放完畢又播放新的。會發生這種狀況的原因來自於動畫控制器的設定，我們必須勾銷 [Any State] 指向 [攻擊] 的狀態過渡條件裡面的 [Can Transit to Self] 選項，以避免【攻擊】動畫播放時依舊可以觸發【攻擊動畫】。請先點選【Any State】指向【攻擊】的狀態過渡，然後到階層窗格裡面展開 [Settings] 的內容，接著勾銷 [Can Transit to Self]：

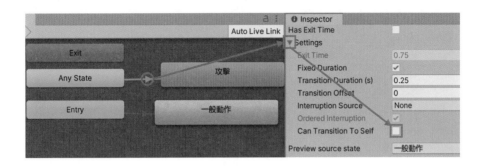

測試遊戲，現在攻擊動畫可以完整播放，但是攻擊完畢之後動畫就卡住了。這是因為【攻擊】狀態可以進去，但卻沒有設定攻擊狀態過渡到其他狀態的條件。

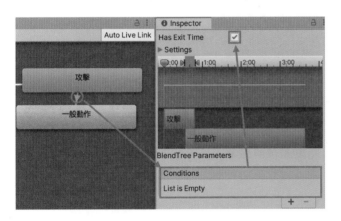

建立【攻擊】指向【移動與閒置】的狀態過渡，且不設定任何 Conditions，意思是只要【攻擊】狀態動畫播放完畢就無條件進入【移動與閒置】狀態。請注意我們一定要保持 [Has Exit Time] 在勾選狀態，意思是攻擊動畫一定要播放完畢才能進入【移動與閒置】狀態。

現在為主角加上向後閃避的能力，在動畫器編輯器加上新狀態，並且命名為【向後閃避】，然後設定 [Motion] 為 [Unarmed-Roll-Backward]，此為向後滾動的動畫。

新增【Any State】指向【向後閃避】的狀態過渡，然後勾銷 [Has Exit Time] 以及 [Can Transition To Self]，接著新增 [Conditions] 速度 ▼ Less ▼ -0.1 亦即不論任何狀態之下，只要速度小於 -0.1 時就會切換動作到【向後閃避】：

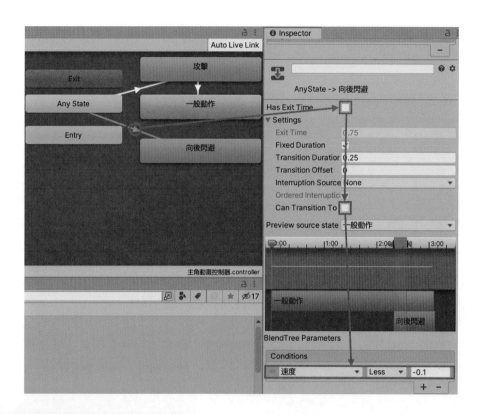

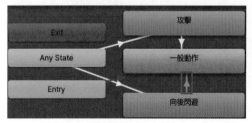

建立【向後閃避】指向【一般動作】的狀態過渡，不需要做任何設定，意思是播放完【向後閃避】動畫後直接進入【一般動作】狀態。

【主角動畫控制器】成品請參見 [Assets/ 第六章 / 主角動畫控制器 5]。

請測試遊戲，現在攻擊動畫應該可以順利播放，且不會受到滑鼠連續點擊之影響。按下向後鍵時，【主角】也會往後滾動進行閃避。

第七章　特效處理

7.1 動畫事件

上一章結束測試遊戲時，我們觀察到只要進行攻擊就會出現錯誤訊息：

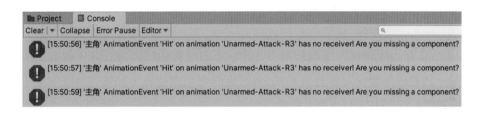

會產生這個錯誤訊息的原因是攻擊動畫有設定動畫事件 Hit()，但是程式並沒有對它做出任何處理。許多攻擊動畫裡面都會設定 Hit() 動畫事件，用來讓使用者在裡面放置處理特效或音效一類的程式碼。

所謂動畫事件是指當動畫播放到特定時間點時，需要執行的特定外部程式。利用動畫事件，我們可以在動畫播放的特定時間點做特定事情，例如走路動畫在腳踏到地面時播放腳步聲，攻擊在特定時間點播放特效等等，都可以使用動畫事件來達到目的。

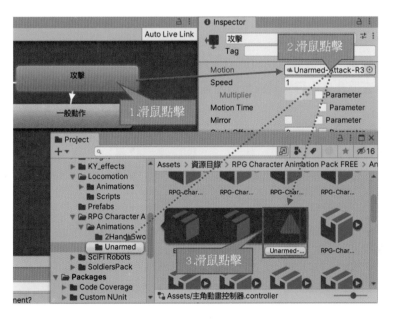

觀察一下【攻擊】狀態裡面的動畫。進入動畫編輯器然後點選【攻擊】狀態，再進入檢查器窗格裡面點選 [Motion]，於是系統會自動幫我們找到動畫位置，接著再點選 [Unarmed-A…] 圖標所屬的 FBX 檔案以編輯它的屬性。

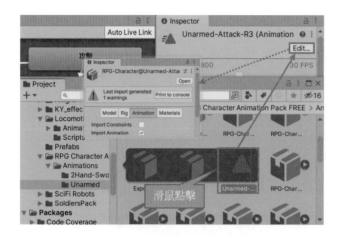

在專案窗格點擊 圖標後，檢查器窗格會切換到此動畫的屬性頁，接著點選 [Edit] 按鍵，檢查器窗格就可編輯該動畫各項屬性。

註：其實是編輯該動畫之 [Animation] 匯入設定。

[Animation] 裡面能調整的東西非常多，在它下方就有各種相關設定，包含是否要反覆播放、鏡射等，我們經常需要勾選 [Loop Time] 設定動畫反覆播放，此外還有許多選項可以展開調整，目前我們專注在 [Events] 這一項就可以了。

往下捲動檢查器窗格，然後展開 [Events] 區塊，此區塊用以設定動畫事件。將滑鼠移向尺規的 U 符號處，編輯器會顯示 [Hit] 圖樣，代表此時間點已設定了名為 [Hit] 之動畫事件。點選 U 符號即可編輯 [Hit] 事件：

檢查器窗格最下方是動畫預覽圖，用滑鼠拖曳播放鍵旁白線可以格放畫面，且 [Event] 區塊時間軸標記亦會隨之移動（檢查器窗格內容太長故裁切內容以顯示）：

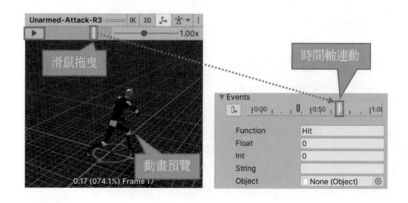

動畫事件是由執行動畫的物體所搭載的程式來處理，以上圖的例子來說，由於這個動畫是【主角】的攻擊動畫，所以【主角】身上搭載的任何一支程式裡面，只要有名叫 Hit() 的方法就會被主動呼叫執行。

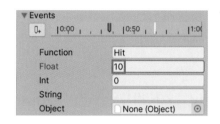

我們現在看一下動畫事件裡面的設定是如何運作的。假設我們在 Hit() 裡面 Float 欄位填入 10，則未來呼叫 Hit() 動畫事件時，都會有浮點數 10 被傳入事件程式。

修改【主角控制】程式如下（參見 [Assets/ 第七章 / 主角控制 9.cs]）：

```
1    ⊞using ...
4
     ⊚Unity 指令碼 (1 個資產參考)|0 個參考
5    ⊟public class 主角控制 : MonoBehaviour
6    {
7        Animator 動畫控制器;
         ⊚Unity Message|0 個參考
8    ⊞    void Start() ...
         ⊚Unity Message|0 個參考
12   ⊞    void Update() ...
         0 個參考
25   ⊟    public void Hit(float 傳入值)
26       {
27           print(傳入值);
28       }
29   }
```

第 25 行至 28 行之間宣告了 Hit() 方法，而且設定它會傳入一個 float 型態的參數，這個參數被命名為【傳入值】。由於加上了 public 關鍵字，因此這個方法可以被其他程式使用，又由於這個方法執行完畢之後不必傳回任何值給別人，因此加上 void 關鍵字代表無傳回值。第 26 行的左大括號 { 和第 28 行的右大括號 } 之間的程式碼，就是 Hit() 方法的執行範圍。

第 27 行我們將【傳入值】在控制台裡面印出來。

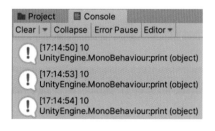

測試遊戲，我們每攻擊一次，控制台（Console）窗格裡面就會顯示一次 10 這個數字，而這個數字就是我們剛才在動畫事件裡面填入的 Float 值。

因爲動畫事件能找到對應的程式，因此現在播放遊戲不會顯示錯誤訊息。雖然那些錯誤訊息不處理也能正常運作，並不會因此而發生當機，但是嚴謹的程式設計人員通常會避免這種事情發生，例如在遊戲物件程式碼當中加入空的 Hit() 方法亦可解決此等問題。

7.2 播放特效

攻擊動畫通常會播放特效以加強視覺效果。大部份 Unity 特效使用粒子系統（Particle System）建立，其製作過程因篇幅有限無法介紹，本章以來自資源商店之現成特效做爲範例。

本範例預計在攻擊過程中播放特效，攻擊動畫快結束時停止播放，因此需要爲【攻擊】狀態使用之 [Unarmed-Attack-R3] 建立對應之動畫事件。用滑鼠點選 [Hit] 事件，然後將它改名爲【特效開始】（記得原本 Float 是 10，要改成 0）：

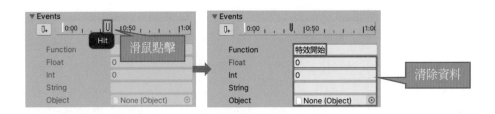

用滑鼠拖曳動畫的時間軸到快結束的區域並觀察動畫，決定要在何處停止播放動畫，然後按下 新增動畫事件，並將它命名爲【特效結束】，然後將檢查器窗格內容捲動至最下方，按下 [Apply] 按鈕以便讓設定生效：

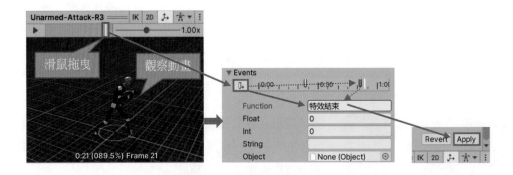

經過以上設定之後，當動畫播放到設定的時間點時，會自動呼叫播放動畫物件程式碼裡面叫做【特效開始】以及【特效結束】的類別方法。

修改【主角控制】程式碼，將 Hit() 方法全部刪除並新增程式碼（參見 [Assets/ 第七章 / 主角控制 10.cs]）：

```
1      ⊞using ...
4
    ⚙Unity 指令碼 (1 個資產參考)|0 個參考
5    ⊟public class 主角控制 : MonoBehaviour
6      {
7          Animator 動畫控制器；
8          public GameObject 攻擊特效，特效位置；
9          GameObject 播放中特效；
        ⚙Unity Message|0 個參考
10  ⊞      void Start()...
        ⚙Unity Message|0 個參考
14  ⊞      void Update()...
        0 個參考
27  ⊟      public void 特效開始()
28          {
29              播放中特效 = Instantiate(攻擊特效，特效位置.transform);
30          }
        0 個參考
31  ⊟      public void 特效結束()
32          {
33              Destroy(播放中特效);
34          }
35  }
```

　　以上程式碼第 8 行宣告【攻擊特效】與【特效位置】兩個公有 GameObject 物件，來存放要使用的特效，以及特效在空間中的位置。雖然這個特效物件是 ParticleSystem 類別的物件，但多半的遊戲物件都可以用 GameObject 物件來存放，所以現在先暫且使用這個類別進行練習。這個物件要在編輯器裡面連結需要使用的特效，所以使用 public 關鍵字宣告。【特效位置】物件用來當成特效產生的位置，由於我們使用拳頭進行攻擊，所以特效應產生在拳頭上面視覺效果才會正常，因此【特效位置】也要在編輯器裡面連結右手拳頭，亦需使用 public 關鍵字宣告，故而放在第 8 行與【攻擊特效】一起宣告。

　　第 10 行宣告私有的【播放中特效】GameObject 物件，用來儲存我們在動畫事件裡面產生的特效，以便在特效結束時將它由記憶體當中清除。請務必注意遊戲臨時產生的東西一定要記得清除，以免佔用記憶體不放。

　　第 27 行宣告名為【特效開始】的方法，由於這個方法不會傳回任何值，所以前面加上 void 關鍵字，又因為這個方法要給別人（動畫）使用，所以要加上 public 關鍵字。這個方法的範圍是由 28 行的左大括號 { 以及 30 行的右大括號 } 之間所宣告。

　　基本的方法宣告：

傳回值的資料型態 方法名稱 (參數型態 1 參數名稱 1, …. 參數型態 N 參數名稱 N)

{

　　要被執行的程式碼 ;

　　return 執行結果 ; // 如果不是使用 void 宣告的話

}

　　傳回值可以是 int、float、double、bool 等資料型態之外，也可以是物件（如 GameObject）等，如果沒有傳回值則使用 void 資料型態，方法的內容則要用大括號 {} 將它包圍起來。

　　第 29 行是【特效開始】方法要執行的程式碼，使用 Instantiate(物件 , 位置 Transform) 方法來在特定位置產生物件。此處我們要用 特效位置 .transform 產生【攻擊特效】所儲存的物件，並將這個物件存放在【播放中特效】裡面且立即播放特效。

註：第 29 行程式碼也有多種寫法，例如使用 Instantiate(原始物件 , 物件建立位置 , 旋轉量 , 父物件位置) 用來產生物件而改寫成：

　　Instantiate(攻擊特效 , 特效位置 .transform.position, Quaternion.Euler(0, 0, 0), 特效位置 .gameObject.transform);

　　特效位置 .transform.position 是【特效位置】這個物件的位置（相當於檢查器窗格裡面的 Transform → Position），用來當成新物件的起始位置，而 Quaternion.Euler(0, 0, 0) 則用來代表 (x, y, z) 值為 0 的旋轉量。Quaternion.Euler(x, y, z) 則是一個 Unity 內建方法，用來產生一組 (x, y, z) 三軸旋轉向量。

　　第 31 行宣告【特效結束】方法，宣告方式竹第 27 行雷同。裡面要執行的是第 33 行的 Destory(物件) 命令，用來將物件由記憶體當中清除，亦即當我們執行【特效結束】時就會自動將正在播放的特效清除掉，於是特效就會消失而不再播放。

　　在階層窗格中點選【主角】，然後點選專案窗格內的 [Favorites] → [All Prefabs]，再將其中的 [energyBlast] 用滑鼠拖曳到階層窗格裡面的 [攻擊特效] 項目去，亦即使用 [energyBlast] 當成攻擊特效：

特效運用方式非常多樣化,其中一個方法是在特定位置產生粒子系統(Particle System)元件,然後在符合特定狀態時播放這個元件。我們將為【主角】攻擊動畫加上特效,因此先觀察攻擊動畫來決定特效放置位置。依據製作動畫事件的方式,在檢查器窗格當中格放【攻擊】狀態使用的 [Unarmed-Attack-R3]。我們觀察到【主角】使用右拳進行攻擊,因此攻擊時要在右拳位置播放特效。

符合 Unity 虛擬頭像系統規範的角色,其骨架通常會遵守特定命名法則,遊戲設計者應該要記憶骨架的英文單字,以便在做 3D 建模時套用正確的名稱,也方便在設計遊戲時找到正確的骨架位置。

尋找【主角】右拳位置要在階層窗格展開【主角】項目,然後點選不同的子物件,讓場景畫面的【主角】身上跟著顯示其位置,以找尋右拳的確切位置。在階層窗格內展開【主角】層級項目並點選 [R_middle1],於是【主角】的右拳中指處顯示被點選狀態,此處即是我們要產生特效的位置。

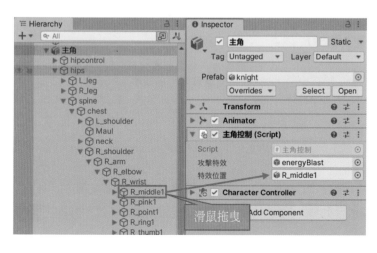

接著要將剛才找到的位置連結到【特效位置】,於是程式當中【特效位置】就是【主角】的 [R_middle1] 子物件的位置了。

測試遊戲，按下滑鼠左鍵時，【主角】會播放攻擊
動畫與特效。

7.3 播放音效

　　遊戲通常都會伴隨著各種音效，當我們可以順利播放特效之後，接下來要在播放特效時
加上音效。遊戲音效通常存放在聲音格式檔案如 mp3、wav 之中，音訊源（Audio Source）是
Unity 用來播放聲音的元件，用來播放音訊片段（Audio Clip），程式可以利用 AudioSource 類
別提供的靜態方法播放音效。

　　修改【主角控制】程式碼如下（參見 [Assets/ 第七章 / 主角控制 11.cs]）：

```
 1  ⊞using ...
 4
      ◎Unity 指令碼 (1 個資產參考)|0 個參考
 5  □public class 主角控制 : MonoBehaviour
 6  {
 7      Animator 動畫控制器;
 8      public GameObject 攻擊特效, 特效位置;
 9      GameObject 播放中特效;
10      public AudioClip 攻擊音效;
          ◎Unity Message|0 個參考
11  ⊞    void Start()...
          ◎Unity Message|0 個參考
15  ⊞    void Update()...
          0 個參考
28  □    public void 特效開始()
29      {
30          播放中特效 = Instantiate(攻擊特效, 特效位置.transform);
31          AudioSource.PlayClipAtPoint(攻擊音效, 特效位
               置.transform.position, 1);
32      }
          0 個參考
33  ⊞    public void 特效結束()...
37  }
```

　　第 10 行程式碼宣告名為【攻擊音效】的 AudioClip 物件，用來存放音效檔。第 31 行程式
碼使用 AudioSource.PlayClipAtPoint(音效檔 , 播放位置 , 音量) 方法來播放音效，亦即在【特

效位置】所在的位置播放【特效音效】檔且音量大小等於 1。請注意，音量大小為 0~1 之間的浮點數字，如果音量大小為 0.5 的話，程式碼裡面的數字要寫成 0.5f，小寫的 f 用來表示 0.5 這個數字是浮點數。

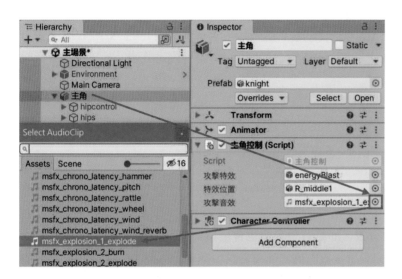

在階層窗格裡點選【主角】，後到檢查器窗格點選 [攻擊音效] 後方的 ⊙ 符號，再選擇 [Select AudioClip] 視窗內的 [msfx_explosion_1_explode] 音效。註：要由專案窗格拖曳音效檔案過去也可以。

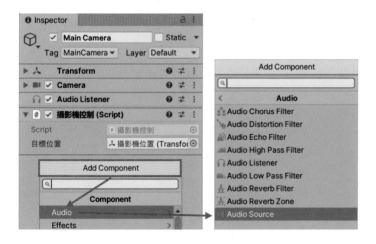

請測試遊戲，可以正常播放攻擊音效之後，接著加上背景音樂。在階層窗格點選 [Main Camera]，然後到檢查器窗格裡面按下 [Add Component] 鍵之後選擇 [Audio] → [Audio Source]。

點選 [Audio Source] 區塊 [AudioClip] 後方的 ◉ 符號，然後到 [Select AudioClip] 視窗選擇 [bgm_Chrono_Storm_loopable]，調整音量 [Volume] 大小為 0.3（讀者可自行設定該值），以免背景音樂太大聲，並且勾選 [Loop] 讓背景音樂反覆播放。

　　測試遊戲，現在不但有特效音效，而且背景音樂也會反覆播放。在【Main Camera】裡面加入音訊源 [Audio Source] 的原因，是主攝影機裡面有音訊監聽器 [Audio Listener] 用來接收聲音，然後再將接收到的聲音播放出來。Unity 製作 3D 遊戲時，畫面與聲音是在三維空間裡面呈現，攝影機相當於人類的眼睛，而 Audio Listener 則相當於人類的耳朵。背景音樂在人的耳邊播放，所以播放音樂的 [Audio Source] 才會和主攝影機擺在一起。

　　因此讀者可以理解，在【主角控制】程式碼當中，特效音效產生位置放在特效呈現的位置，目的就是讓聽覺效果符合視覺效果。

7.4 製作氣功彈

　　現在要讓【主角】在攻擊時發出氣功彈，其造型將使用 [ErakBall] 特效呈現。

在專案窗格選擇 [Favorites] → [All Prefabs]，然後將 [ErekiBall] 拖曳至階層窗格 ▼ ✿ 主場景* ⋮ 處放開，代表要在主場景裡面增加 [ErekiBall] 物件。

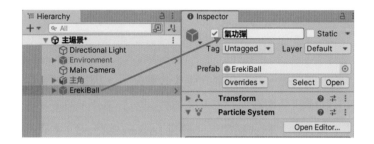

接著將階層窗格裡面的 [ErekiBall]
改名為【氣功彈】。

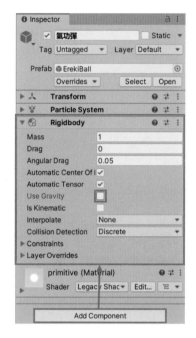

點選氣功彈然後到檢查器窗格裡面選擇 [Add Compoment]
→ [Physics] → [Rigidbody] 新增 Rigidbody(剛體) 以提供物
理碰撞功能，接著勾銷 [Use Gravity] 以避免氣功彈因為地心
引力而往下掉。

在專案窗格裡面點選 [Assets] 目錄，將氣功彈由階層窗格拖
曳到 Assets 目錄底下以建立預製件（prefab）：

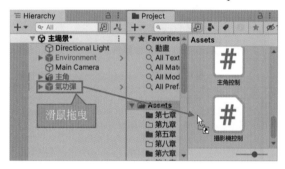

放開滑鼠後會顯示一個小對話框詢問要製作哪一種 prefab，
請點選 [Original Prefab] 即可。

做完預製件後已不需要場景裡面的【氣功彈】，在階層窗格的
【氣功彈】項目按下滑鼠右鍵，再點選 [Delete] 以刪除場景中的
【氣功彈】物件。

未來我們將使用 Assets 目錄底下的【氣功彈】，做為【主角】攻
擊時發射出去的特效。

7.5 利用動畫事件發射氣功彈

本書規劃讓【主角】攻擊到一半時發出氣功彈，並利用氣功彈來攻擊敵人，因此需要借助動畫事件控制氣功彈發射時機。【攻擊】狀態的動畫裡面已經有【特效開始】事件，故直接在此事件程式碼裡面發射氣功彈。修改【主角控制】程式碼如下（參見 [Assets/ 第七章 / 主角控制 12.cs]）：

```
  1    using ...
  4
       Unity 指令碼 (1 個資產參考)|0 個參考
  5    public class 主角控制 : MonoBehaviour
  6    {
  7        Animator 動畫控制器;
  8        public GameObject 攻擊特效, 特效位置, 攻擊氣功彈;
  9        GameObject 播放中特效;
 10        public AudioClip 攻擊音效;
            Unity Message|0 個參考
 11        void Start()...
            Unity Message|0 個參考
 15        void Update()...
            0 個參考
 28        public void 特效開始()
 29        {
 30            播放中特效 = Instantiate(攻擊特效, 特效位置.transform);
 31            AudioSource.PlayClipAtPoint(攻擊音效, 特效位
                  置.transform.position, 1);
 32            GameObject 已發射氣功彈 = Instantiate(攻擊氣功彈, 特效位
                  置.transform.position, Quaternion.Euler(0, 0, 0));
 33            已發射氣功彈.GetComponent<Rigidbody>().AddForce
                  (transform.forward * 1000);
 34        }
            0 個參考
 35        public void 特效結束()...
 39    }
```

第 8 行追加宣告 GameObject 型態的【攻擊氣功彈】物件，用來存放先前製作完成的氣功彈。

第 32 行宣告【已射出氣功彈】用來存放程式產生的氣功彈，並設定其物件為 Instantiate() 產生的【攻擊氣功彈】，而第 33 行則是利用 GetComponent<Rigidbody>() 取得【已射出氣功彈】的剛體 (Rigidbody)，並且為它加上【主角】正前方（也就是 transform.forward）大小為 1000 的力量，於是【已射出氣功彈】就會因為被施加力量而往【主角】的正前方飛出去。

第 33 行程式碼當中的 transform.forward 是 Transform 類別物件裡面內建屬性之一，它的值是指向物體正前方大小為 1 單位的 3 維向量，常用單位向量還包含 transform.right 為右方，transform.up 為上方。

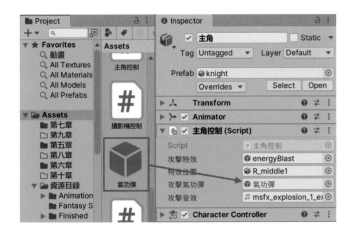

程式寫好之後，在階層窗格中點選【主角】，然後到專案窗格裡面點選 [Asset] 目錄，接著將 Assets 目錄底下的【氣功彈】拖曳到檢查器窗格 [主角控制 (Script)] 程式【攻擊氣功彈】欄位處放下。

測試遊戲。按下滑鼠右鍵時，主角會往正前方發出氣功彈。由於攝影機的角度與位置問題，剛好會讓主角遮住氣功彈，所以我們需要調整一下【攝影機位置】。Unity 允許我們一面播放遊戲一面調整參數，以便觀察調整的結果，播放遊戲時調整的參數在結束播放後將會回復原來的狀態：

利用上述方法觀察改變【攝影機位置】的效果，【攝影機位置】的 Transform 可以調整如左圖所示。

Position = (0, 2.5, -3)

Rotation = (20, 0, 0)

測試遊戲利用滑鼠點擊右鍵以進行攻擊，此時應可看到發射出來的氣功彈。

7.6 為物件加上音效

接著為【氣功彈】加上音效。滑鼠雙擊案專窗格內的【氣功彈】以編輯【氣功彈】預製件：

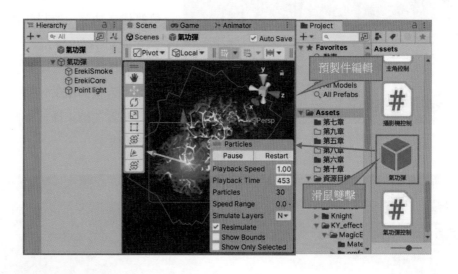

為【氣功彈】加入聲音來源。

到檢視窗裡面按下 [Add Component] 鍵，選擇 [Audio] [Audio Source]。

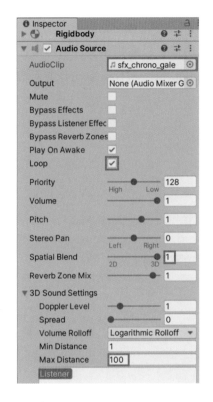

為【氣功彈】的 [Audio Source] 加入 [sfx_chrono_gale] 音效檔。除了使用滑鼠拖曳的方式，由專案視窗拖曳檔案到檢查器窗格的 [AudioClip] 的方法外，也可以點選 [AudioClip] 旁邊的 ◎ 符號來選擇音效檔案。

修改 [Audio Source] 設定，勾選 [Loop] 以便反覆播放聲音，設定 [Spatial Blend] 值為 1 代表完全 3D 化的聲音 (也就是有距離位置變化)，[Max Distance] 改為 100 公尺，代表聲音傳播距離最遠為 100 公尺。

設定完畢之後，按下階層窗格的 ◀ 符號就可以退出預製件編輯模式並回到主畫面：

測試遊戲，此時氣功彈飛出去會有音效了。

7.7 控制物體在一段時間後自動消失

播放遊戲時，請一面發射氣功彈一面注意階層窗格，讀者會發現每發射一顆氣功彈後，階層窗格裡面就會增加一顆氣功彈（Clone），而且永遠不會消失。這是因為氣功彈被發射之後，如果程式不去清除它，則該物體將會永遠存在而不會自動消失。長期放任下去將會消耗大量記憶體資源，有必要解決這個問題。

我們規劃讓【氣功彈】發射 1.5 秒之後自動消失。

在專案窗格滑鼠雙擊【氣功彈】以編輯預製件，然後在檢查器窗格按下 [Add Component] → [New script] 並新增【氣功彈控制】程式。

修改【氣功彈控制】程式碼如下（參見 [Assets/ 第七章 / 氣功彈控制 1.cs]）：

```
1    ⊞using ...
     ● Unity 指令碼 (1 個資產參考) | - 參考
4    ⊟public class 氣功彈控制 : MonoBehaviour
5    {
6        public float 存活時間 = 1.5f;
7        float 結束時間;
     ● Unity Message | - 參考
8    ⊟   void Start()
9        {
10           結束時間 = Time.time + 存活時間;
11       }
     ● Unity Message | - 參考
12   ⊟   void Update()
13       {
14           if (Time.time >= 結束時間)
15               Destroy(gameObject);
16       }
17   }
```

　　Unity 遊戲一旦開始執行，系統就會產生一個浮點數（float）型態的計時器，用來代表遊戲開始到目前為止的執行時間，這個計時器可以使用 Time.time 來取得，且經常用來做為時間控制之用。

　　第 6 行宣告公有浮點變數【存活時間】並給予初始值 1.5f，預設氣功彈在 1.5 秒後就會消失。由於使用者可能還會自行調整這個值，所以將它設為 public，以便在編輯器裡出現。

　　第 7 行宣告浮點資料型態的【結束時間】，用來存放氣功彈應該要消失的時間。

　　第 10 行在氣功彈產生時執行，設定【結束時間】是現在時間加上存活時間。

　　第 14 行判斷目前遊戲執行時間是否大於等於預計的結束時間，如果是的話，則在第 15 行利用 Destroy() 方法將氣功彈刪除掉。

　　第 15 行程式碼當中 gameObject 代表【氣功彈控制】程式被搭載的物件。由於這個程式被搭載在【氣功彈】裡面，所以 gameObject 代表【氣功彈】本身。

　　程式寫好之後請進行測試，氣功彈應該會在發射 1.5 秒後自動消失。

第八章　　碰撞偵測

8.1 為物體加上碰撞效果

　　氣功彈碰到東西應該要消失並且要能給敵方傷害，一般遊戲引擎通常使用碰撞偵測來達到這個目的。想要使用碰撞偵測，則互相碰撞的物體其中一個必須具備剛體（Rigidbody）元件以及碰撞器（Collider）元件，另一個物體則至少需要具備碰撞器元件。剛體元件可以讓物體具備物理性質，而碰撞器則用來偵測是否兩個物體之間發生碰撞。氣功彈已經加上剛體，現在只要為它再加上碰撞器就可具備碰撞功能。

　　Unity 預設的碰撞器以形狀區分有盒狀碰撞器（Box Collider）、球形碰撞器（Sphere Collider）、膠囊碰撞器（Capsule Collider）、地形碰撞器（Terrain Collider）、輪形碰撞器（Wheel Collider）以及網格碰撞器（Mesh Collider）。一般來說我們較不常使用網格碰撞器，這個碰撞器的雖然可以產生很接近物體形狀的碰撞區域，但是執行效能會比較差。實務上我們通常對於複雜的物體，會使用多個基本形狀（盒狀、球狀與膠囊狀）碰撞器結合起來模擬，效果與網絡碰撞器接近且執行性能更為優異。至於地形與輪狀碰撞器則做為特殊用途，一個用來讓地形具備碰撞功能，另一個則用來模擬輪胎的各種行為。

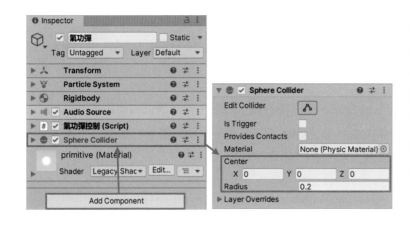

打開氣功彈預製件編輯器，然後新增[Physics]→[Sphere Collider] 球形碰撞器，並且將 Center 值設為 (0, 0, 0) 也就是原點，半徑 Radius 值設為 0.2，代表球形碰撞器的半徑是 0.2 公尺。

播放遊戲，現在氣功彈碰到某些東西時已經可以將物體彈開了，例如場景中深綠色的木箱是可以被碰撞彈開的物體，被氣功彈擊中將會散開，如左圖所示。

8.2 控制物體在碰撞後自動消失

修改【氣功彈控制】程式碼，讓氣功彈碰到東西會自動消失。當擁有碰撞器（Collider）的物體碰到其他具備碰撞偵測功能的物體時，會自動執行 OnCollisionEnter 方法裡面的程式。發生特定事情時要執行特定程式的方法，在 C# 裡面稱之為事件（Event），因此嚴格來說 OnCollisionEnter 是事件。

此處介紹 Visual Studio 編輯器智慧諮詢功能。修改【氣功彈控制】程式碼時，我們想要在程式裡面宣告 OnCollisionEnter 事件，於是鍵入「onco」四個字。此時程式編輯器就會自動出現提示選單，而且它猜測你想要實作 OnCollisionEnter 方法，並出現提示訊息。此時使用方向鍵選擇想要輸入的方法名稱，按下 Tab 按鍵後就會幫你自動完成：

建議大家一定要多多留意 Visual Studio 編輯器的提示訊息，對於學習如何撰寫 Unity 程式有非常正面的幫助。運用智慧諮詢功能，在上圖按下 Tab 鍵後，編輯器會自動幫你加入下列程式碼，我們只要在 { } 圍住的區域裡面寫程式即可：

修改【氣功彈控制】程式碼如下（參見 [Assets/ 第八章 / 氣功彈控制 2.cs]）：

```
1     using ...
       ⊕Unity 指令碼 (2 個資產參考)|0 個參考
4     public class 氣功彈控制 : MonoBehaviour
5     {
6         public float 存活時間 = 1.5f;
7         float 結束時間;
           ⊕Unity Message|0 個參考
8         void Start()...
           ⊕Unity Message|0 個參考
12        void Update()...
           ⊕Unity Message|0 個參考
17        private void OnCollisionEnter(Collision collision)
18        {
19            Destroy(gameObject);
20        }
```

　　第 17 行可以把它想成是套路。private void OnCollisionEnter(Collision collision) 宣告這行程式碼都是系統產生來覆寫 OnCollisionEnter 方法（嚴格來說應稱為事件 Event）的程式碼。private 代表宣告的方法僅限自己使用（這個關鍵字不寫也可以），不允許自己類別以外的其他程式存取，void 代表宣告的方法執行完畢之後將不會傳回任何值，OnCollisionEnter 是 Unity 系統定義的方法名稱。凡是放在 OnCollisionEnter 方法裡面的程式碼（18～20 行），都會在碰到其他碰撞器時被執行，碰撞資訊會以系統命名的 collision 做為參數傳遞到方法裡面。

　　第 19 行程式碼相當簡單，撞到東西時將自己刪除，於是氣功彈就消失了。

　　程式碼存檔後執行遊戲，在某些狀況之下（讀者自行測試時不見得會有相同情況），氣功彈根本發射不出去，顯然有問題。

　　此處我們來介紹一些常用的除錯技巧，最常使用的除錯技巧是利用 print() 方法將一些資訊顯示在控制台窗格裡面，另一個方法則是使用 Time.timeScale = 0; 的方式強制遊戲進入暫停狀態，以便讓我們研究發生了什麼事情。所以我們再度修改【氣功彈控制】程式碼如下（參見 [Assets/ 第八章 / 氣功彈控制 3.cs]）：

```
17        private void OnCollisionEnter(Collision 被撞物)
18        {
19            Time.timeScale = 0;
20            print(被撞物.gameObject);
21            //Destroy(gameObject);
22        }
```

　　第 17 行請比照之前寫法，原本是 [collision] 現在改為 [被撞物]，這是將原本的英文參數名稱改為中文，以便讀者明瞭未來我們要使用這個參數做事。

　　第 19 行程式碼用來改變 Time.timeScale 的值以改變遊戲的播放速度，例如 0.1f 就代表用 0.1 倍的慢動作播放，如果值是 0 就代表暫停。雖然遊戲畫面凍結，但是接下來的程式碼依舊會執行下去。

第 20 行的 print(內容) 命令讓我們將內容的值印出來，此處我們要印出的是被撞物的 gameObject 名稱，以便得知氣功彈到底撞到了誰。

第 21 行前面的雙斜線 // 讓原本的程式碼變成註解而不去執行，避免程式將氣功彈清除。

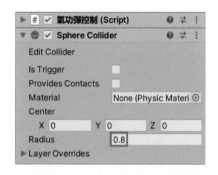

在專案窗格點選【氣功彈】然後再到檢查器窗格將 [Sphere Collider] 的半徑 Radius 改為 0.8。我們假設氣功彈殺傷範圍很大，半徑為 0.8 公尺時，會發生什麼狀況。

測試遊戲。主角發出氣功彈的同時畫面將會凍結，並且在終端機窗格（Console）印出 [主角] 相關字樣，於是我們發現如果【氣功彈】碰撞器太大會撞到【主角】自己：

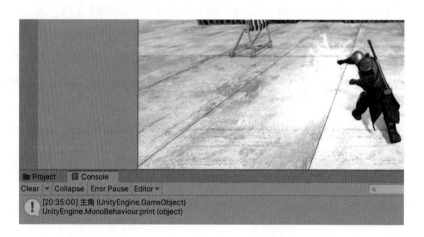

設計遊戲有時會遇到角色被自己身上碰撞器干擾，發生一些莫名奇妙的狀況而找不到原因。此時可以利用現在介紹的方法進行測試，往往會可以發現一些意料之外的錯誤。

畫面凍結時請先不要將遊戲停下，我們切換畫面到場景窗格，並且點選階層窗格的 [氣功彈（Clone）]：

看到此種情境，大致能猜出氣功彈撞到了【主角】身上的角色控制器，導致進入了 OnCollisionEnter 而凍結畫面。角色自己發出的攻擊竟然碰撞到了自己，很容易發生意料之外的狀況，想要解決這個問題，可以將氣功彈的半徑改小一些，讓它碰不到主角。然而此種做法治標不治本，這樣子大範圍殺傷性攻擊法術就做不出來了。合理的解決方案是程式需要判斷氣功彈撞到了誰，如果撞到自己就不處理，便可順利解決此類問題。

Unity 允許我們為各個遊戲物件加上標籤，我們只需要判斷被撞物的遊戲物件是什麼標籤，就可以依據它撞到不同標籤採取不同的動作。例如撞到自己不處理，撞到敵人要輸出傷害，撞到障礙物要自行消失等。

現在介紹如何製作標籤。點選階層窗格裡面任意一個遊戲物件，然後到檢查器窗格裡面點選 [Tag] 下拉選單，選擇 [Add Tag]，接著點選 [Tags] 裡面的 ➕ 符號以便新增標籤。在 [New Tag Name] 填入【主角】字樣然後按下 [Save] 按鍵，就可以新增名為【主角】的標籤了：

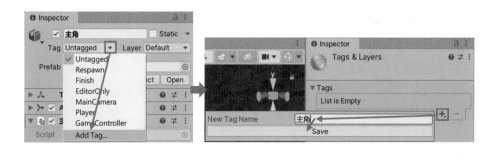

利用同樣方式再增加名為【敵人】的標籤，然後回到階層窗格點選【主角】，接著在檢查器窗格裡面將 Tag 改為【主角】：

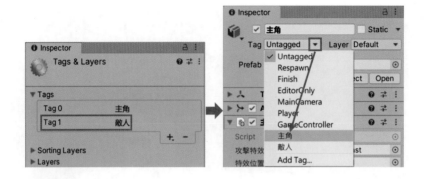

刪除【氣功彈控制】裡面 OnCollisionEnter 的除錯程式碼，並修改程式碼如下：

```
17      private void OnCollisionEnter(Collision 被撞物)
18      {
19          if (!被撞物.gameObject.CompareTag("主角"))
20              Destroy(gameObject);
21      }
```

第 19 行程式碼用來判斷是否【被撞物】的標籤為 " 主角 "，如果不是的話，就執行第 20 行程式碼刪除氣功彈。請仔細看一下程式碼裡面有個驚嘆號 !，那是邏輯 NOT 的意思。被撞物 .gameObject 是被撞物的遊戲物件，凡是遊戲物件都有 CompareTag(比較內容) 方法，用來判斷遊戲物件的標籤是不是比較內容。例如此處 被撞物 .gameObject.CompareTag(" 主角 ") 就在判斷被撞物的標籤是否叫 " 主角 "，如果是的話，它的邏輯值就是 true，加上 ! 之後就變成了 false。於是 ! 被撞物 .gameObject.CompareTag(" 主角 ") 的意思就是 如果被撞物遊戲物件的標籤不是 " 主角 "。

請將【氣功彈】的 [Sphere Collider] → [Radius] 改為 0.2，以恢復它應有的攻擊範圍大小，然後再進行測試。

經過以上修正之後，現在【氣功彈】可以順利發射出去並且能擊飛木箱，在擊中木箱的瞬間【氣功彈】也會自動消失。

8.3 碰撞器簡介

【主角】現在不會穿越場景，但是遇到有碰撞效果的物件時並不會發生碰撞，例如場景中的深綠色箱子是可以被撞倒的，但是主角現在走過去時並不會將箱子撞倒，而是在原地踏步。

如果希望產生碰撞效果，則需要在遊戲物件上面加載碰撞器，而且相互碰撞的物體至少要有一方有剛體（Rigidbody）。由於木箱本身都已經有加載剛體，因此只要【主角】身上有碰撞器就可以撞到木箱。

現在將改由碰撞器控制【主角】的碰撞行為，因此先將角色控制器 [Character Controller] 移除。首先到階層窗格點選【主角】，然後到檢查器窗格找到 [Character Controller] 項目，並且用滑鼠點擊符號，再選擇 [Remove Component]。接著為【主角】加入碰撞器來產生碰撞效果，點選檢查器窗格底部 [Add Component] → [Physics] → [Capsule Collider] 以新增膠囊碰撞器。配合【主角】模型大小，改變膠囊碰撞器（Capsule Collider）高度以及位置，設定中心點 [Center] 的 Y 值為 1，半徑 [Radius] 值為 0.3，高度 [Height] 值為 2：

不必修改程式，直接測試遊戲。現在
【主角】用走的就已經可以撞倒綠箱
子，代表碰撞器已經可以發生作用。

此時碰撞效果並不完美，未來需要配
合剛體（Rigidbody）設定才能擁有較
為合宜的碰撞效果。

8.4 使用剛體

　　經過以上介紹，讀者應初步瞭解如何使用角色控制器移動，以及使用碰撞器與其他物體
互動。本遊戲角色控制將採用剛體配合碰撞器的形式操控，此前介紹角色控制器僅做為學習之
用。

Unity 文件指出，角色控制器不應與剛體並存控制角色。角色控制器會限制角色的移動方式，而剛體卻會因為物理模擬而要求物體做出物理性位移，兩者並存就會因為雙重控制而引發控制衝突。在階層窗格點選【主角】後，到檢查器窗格底部，選擇 [Add Component] → [Physics] → [Rigidbody] 以新增剛體 Rigidbody。此時【主角】擁有 [Transform]、[Animator]、[Capsule Collider]、[主角控制] 以及 [Rigidbody] 等五個元件。

Unity 遊戲引擎有個很重要的控制原則：在任意時間點，只能有一個元件控制角色移動。

Unity 有許多的元件會控制或影響角色移動，例如動畫器、角色控制器、剛體以及導航等，但遊戲物件同一時間僅能有一個元件控制移動。角色控制器提供簡單方式讓玩家控制角色在場景中移動，但是它不具備物理控制功能，亦即不應與剛體（rigidbody）物理元件同時使用，請千萬注意。測試遊戲，【主角】發生翻滾現象，如左圖所示。

【主角】因為加載 Rigidbody 元件，故需要展現物理現象，因此它會與外界的接觸與碰撞發生反應。當我們操控主角移動時，因為主角自身的 Capsule Collider 與地面發生碰撞，造成自己受到力量而發生翻轉。此問題很容易克服，我們可以設定不要讓剛體因受力而旋轉，只要勾選 [Rigidbody] → [Constraints] → [Freeze Rotation] 的 X、Y、Z 軸選項即可鎖定三個軸向不要自旋，以避免自己因受力而發生翻覆現象。

重新測試遊戲，現在【主角】應該可以移動，但是動作卻十分怪異，轉向遲鈍，發生這個問題的原因還是來自於多重控制。由於 Animator 元件有勾選 [Apply Root Motion]，因此動畫器會利用動畫自帶位移控制角色移動。在此同時 Rigidbody 又會配合 Capsule Collider 要求【主角】產生物理移動，兩個元件同時影響物體移動，故而發生動作不協調的狀況。

為了解決此種問題，應該到 [Animator] 當中，將 [Update Mode] 換成 [Animate Physics]，於是就可以強制動畫要配合 Rigidbody 控制移動。

設定完畢後測試遊戲，角色移動應已恢復正常。

讀者若是感到滑鼠旋轉遲頓，可以修改【主角控制】當中第 21 與 22 行程式碼，其中第 21 行紅框位置的值增加則滑鼠移動的靈敏度會增加，但是低速時震動感會也會增加。第 22 行紅框位置的值增加則左右旋轉的平順度會增加，但是滑鼠的靈敏度會下降。讀者可以嘗試自行平衡這幾個數值，以達到自己想要的效果：

```
15      void Update()
16      {
17          float 上下鍵 = Input.GetAxis("Vertical");
18          if (Input.GetKey(KeyCode.LeftShift))
19              上下鍵 *= 2;
20          動畫控制器.SetFloat("速度", 上下鍵, 0.15f,
            Time.deltaTime);
21          float 左右鍵 = Mathf.Clamp(Input.GetAxis("Mouse X") *
            50, -2, 2);
22          動畫控制器.SetFloat("方向", 左右鍵, 0.15f,
            Time.deltaTime);
23          if (Input.GetMouseButton(0))
24              動畫控制器.SetBool("開始攻擊", true);
25          else
26              動畫控制器.SetBool("開始攻擊", false);
27      }
```

8.5 新增敵人

【主角】操控與動畫處理到一個階段後加入敵人。在專案窗格選擇 [Favorites] → [All

Prefabs]，然後將 [Robot_Red] 拖曳到場景當中想要放置的位置，然後更改名字爲【敵人】，並且手動將 [Transform] → [Position] 的 Y 值改爲 0，以便讓角色貼齊地面：

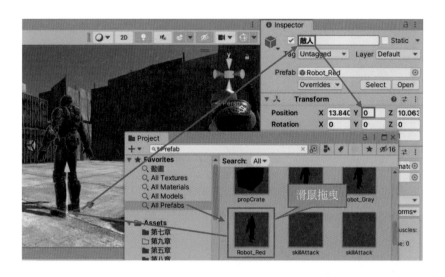

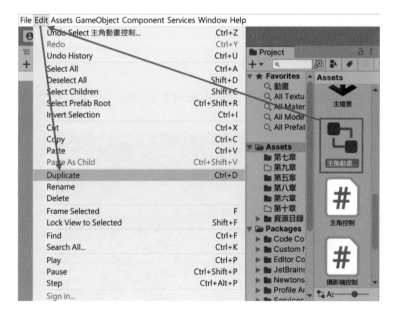

爲了讓敵人可以產生動作，需要爲敵人套用適當的動畫控制器 (Animation Controller)。我們可以複製已經做好的【主角動畫控制器】來進行修改，而不必重新製作動畫控制器。點選【主角動畫控制器】，打開 [Edit] 主選單後接著選擇 [Duplicate] 以複製一份新的【主角控制器】。

複製過來的動畫控制器系統自動命名為 [主角動畫控制器 1]，請將它更名為【敵人動畫控制器】，並拖曳給【敵人】的 [Animator]。→ [Controller]：

編輯【敵人動畫控制器】，修改【攻擊】動畫與原本不同即可，此處我們使用 [Unarmed-Attack-R1]。

使用滑鼠雙擊【移動與閒置】，然後再用滑鼠點選 [Blend Tree] 以修改裡面使用的動畫：

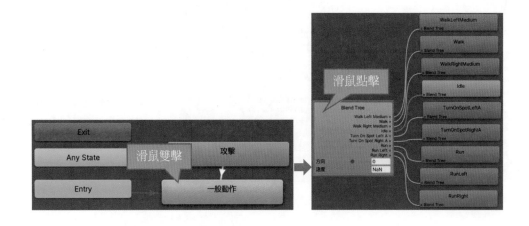

請自行選擇想要替換的動畫，讀者亦可參考左圖加以修改，以進行練習。

接下來要測試【敵人動畫攻擊器】的效果，想要測試動畫也很容易，直接將【敵人動畫控制器】拉到【主角】身上就可以了。現在主角將會使用【敵人動畫控制器】裡面的動畫：

請注意，【一般動作】一定要檢查原始檔案裡面的 [Loop Time] 有沒有勾選，否則將不會移動。例如 [Unarmed-Turn-Left-90] 以及 [Unarmed-Turn-Right-90] 這兩個是沒有勾選 [Loop Time] 的，要手動勾選（記得按 [Apply]）：

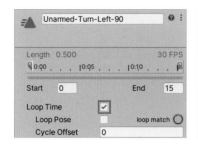
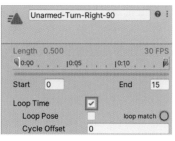

我們未來將使用導航網格代理（NavMeshAgent）來控制【敵人】位移，套用不具備位移的動畫沒有任何問題，因此要怎樣使用動畫，還是要由角色操控方式來決定。此處是因為我們使用【主角】來測試動畫控制器，但是【主角】採用動畫自帶位移來操控，因此測試敵人動畫控制器時，也只能測出有自帶位移的動畫效果。萬一讀者自行套用的動畫並沒有自帶位移，則會發生角色有動作卻不會移動的現象。反覆測試遊戲，由於【主角】暫時套用【敵人動畫控制器】的動畫，才能快速調整【敵人動畫控制器】。

測試與調整完畢後，請將【主角】身上的【主角動畫控制器】復原。

經過以上設定之後，敵人將擁有專屬動畫控制器，未來將再加上導航以及相關程式碼，就能控制【敵人】自行移動。

第九章　導航與自動控制

9.1 為敵人設定導航功能

　　製作遊戲時，我們經常要使用電腦程式來控制某些角色，以便與其他角色之間進行各種互動，此時 Unity 內建的導航功能可以給予我們大量的協助。導航（navigation）系統的功用是控制角色，由一個定點移動至另一個定點。在移動的過程中，Unity 會自動幫我們找尋最佳路徑，並且規避各種已知與未知（例如臨時出現的物體）障礙物，以順利到達目的地。為【敵人】加入導航功能以便能夠追擊【主角】。

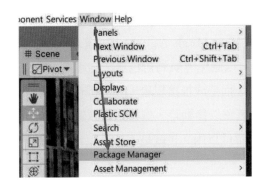

Unity 在 2022.2 版正式將原有導航功能移除，並將它列入 Legacy（遺產）功能。舊有 Unity 專案之導航功能依舊可以沿用，但是採用 2022.2 版以後開發的 Unity 專案，則必須匯入 [AI Navigation] 套件才能使用導航功能。如果讀者使用 2022.1（含）版以前的 Unity 編輯器，則不必匯入此套件亦能依照本書範例操作。

如果使用 2022.2（含）以上版本 Unity 編輯器，請先點選主選單 [Window] → [Package Manager] 打開套件管理器。

　　[Package Manager] 窗格用來管理系統套件以及由資源商店取得的外部資源。請先點選 [Packages] 選單的 ▼ 圖標，然後選擇 [Unity Registry]，亦即 Unity 提供的套件。接著在右側搜尋窗格鍵入「AI」（人工智慧）字樣，然後左側側邊欄會顯示所有與「AI」有關的套件。請選擇 [AI Navigation] 之後，按下 [Install] 按鍵以匯入導航套件：

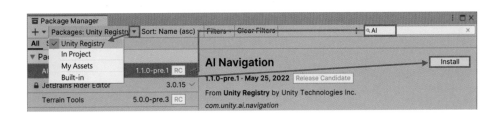

如果使用2022.1（含）版以前的Unity編輯器，請忽略前述操作，可以直接使用導航功能。

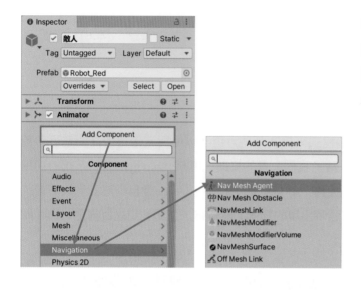

在階層窗格點選【敵人】，然後到檢查器窗格按下 [Add Component] 後選擇 [Navigation] → [Nav Mesh Agent] 元件。

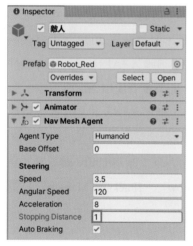

設定導航網格代理 [Nav Mesh Agent] 裡面的停止距離 [Stopping Distance]，以避免導航到角色無法穿越的地方，卻又一定要移動過去，而造成推擠現象。[Stopping Distance] 設為 1，意思是在角色難以移動時，例如遇到障礙或碰撞的狀況下，距離目標 1 單位以內（也就是 1 公尺）允許自動停止。

[Stopping Distance] 值通常會略為大於自己的半徑加上被追蹤角色的半徑，合適的值必須在場景裡面進行測試，再決定最適當的大小。現在先暫定為 1，如果在場景裡面發生問題，或是與【主角】間發生推擠現象，再來調整大小。

在檢查器窗格點選 [Nav Mesh Agent] 的 [Agent Type] 下拉選單，然後選擇 [Open Agent Setting…] 項目，則會打開 [Navigation] 窗格並顯示 [Agents] 子頁面。我們可以在其中設定導航器的各項參數，配合【敵人】的模型大小，設定角色半徑 Radius 為 0.3，階差 Step Height 為 0.3，代表高度 0.3 公尺以下的障礙物可以踏過去：

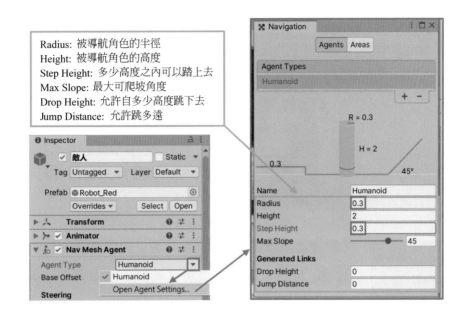

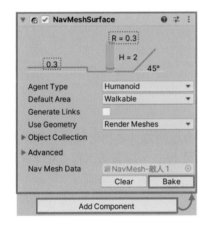

在使用導航功能之前，需要先為場景做導航烘焙的動作。如果使用 2022.2 版以上的 Unity 編輯器，請在【敵人】的檢查器窗格點選 [Add Component] → [Navigation] → [NavMeshSurface]，以新增導航平面。接著在 NavMeshSurface 裡面按下 [Bake] 按鍵以進行導航烘焙。

註：如果使用 2022.1 版以前版本，請點選主選單 [Window] → [AI] → [Navigation] 後，在檢查器窗選擇 [Bake] 頁面並按下 [Bake] 按鍵進行烘焙。

NavMeshSurface 的 [Agent Type] 欄位與 Nav Mesh Agent 當中的 [Agent Type] 是相同的屬性，場景裡面可能有許多物件需要導航，各物件都有不同的大小與相關設定。於是我們可以在 [Navigation] 窗格裡面  位置按下＋號以新增不同種類的導航物件，而新增的物件就會放在 [Agent Types] 下拉選單當中。於是我們就可以為不同的物體，設定不同的導航平面（NavMeshSurface），並製作不同的導航烘焙。

在 [NavMeshSurface] 裡面按下 [Bake] 按鍵後，場景窗格內會有許多地方顯示為藍色，這些填滿藍色的區域就是【敵人】導航可以移動的範圍。讀者應該可以觀察到在一些物體邊緣都沒有塗上藍色，它的寬窄就是由 [Navigation] 窗格裡面設定的 Radius 所決定。

如果讀者不想顯示導航範圍，可以到場景窗格上方最右側按下  符號，接著會出現導航顯示設定選項，勾銷 [Show NavMesh] 項目就不會顯示藍色導航範圍標示。

此設定選項會在讀者點選其他窗格後自動消失，不需要刻意關閉。

現在要利用導航功能，讓敵人自動往【主角】位置移動。在【敵人】身上建立【敵人控制】程式，接著修改程式如下（參見 [Assets/ 第九章 / 敵人控制 1.cs]）：

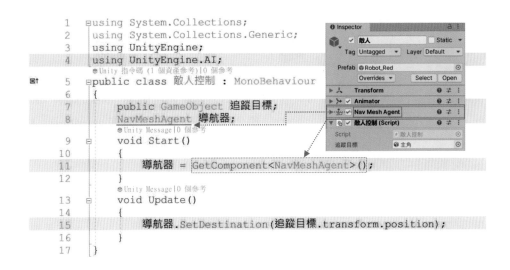

第 4 行命令告訴編譯器要使用 UnityEngine.AI 命名空間，使用導航功能要加上這行命令，以告知編譯器使用人工智慧功能。

第 7 行宣告【追蹤目標】為 GameObject 物件，以做為追蹤標的。使用 public 關鍵字可以讓檢查器窗格出現【追蹤目標】欄位，以便場景設計時使用滑鼠拖曳方式指定目標。

第 8 行宣告【導航器】物件來存放自己的 [Nav Mesh Agent] 元件。

第 11 行在遊戲一開始時讀取【敵人】自己的 NavMeshAgent 元件，並將它指定給【導航器】。

第 15 行的 SetDestination(追蹤目標 .transform.position) 用來命令 [Nav Mesh Agent] 將自己導航到追蹤目標的位置 (transform.position)。只要針對 NavMeshAgent 物件呼叫 SetDestination(導航位置) 方法，就可以讓物件自動導航到指定位置去。

指定【敵人控制】的【追蹤目標】為【主角】。先在階層窗格裡點選【敵人】，然後將【主角】用滑鼠拖曳方式拉到檢查器窗格的 [追蹤目標] 去。

測試遊戲，敵人已經會自動追蹤至主角位置。

播放遊戲時【敵人】自動往【主角】位置移動，但是到最後卻會重疊在一起。

遊戲物件如果沒有特別設定，預設可以互相重疊。若要產生阻擋碰撞一類的效果，則需借助角色控制器（Character Controller）、碰撞器（Collider）以及剛體（Rigidbody）之間的碰撞效果。

為【敵人】加上膠囊碰撞器。在階層窗格點選【敵人】，然後到檢查器窗格選擇 [Add Component] → [Physics] → [Capsule Collider]，並調整中心點位置 [Center] → [Y] 值為 1，半徑 [Radius] 為 0.3，此時【敵人】身上膠囊框線圍住的範圍就是膠囊碰撞器的大小。

加上去之後立即測試，操作【主角】移動至【敵人】處，兩者將不會重疊在一起了。

請注意一下，由於使用導航功能控制角色移動，【敵人】必須要關閉動畫控制器的 [Apply Root Motion] 選項，否則導航將與動畫控制器發生控制衝突。

　　測試遊戲時，在某些狀況之下，【敵人】會推著【主角】移動。讀者不妨自行增減 [NavMeshAgent] 內的 [Stopping Distance] 值，以便讓【敵人】會剛好在【主角】前面停住。由於大家使用的碰撞器或角色控制器大小均有所不同，所以 Stopping Distance 值需要讀者自行測試才能找到最佳大小。

9.2 動態物體與靜態物體

一般的遊戲件分爲靜態（static）與動態（dynamic）兩大類型。不會移動的靜止物件，應該要設定它爲 [Static]，例如我們點選場景中的斜面木板之後，在檢查器窗格裡面看到它被勾選爲 [Static]，代表它是靜態物體：

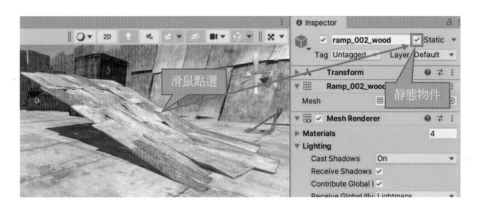

[ramp_002_wood] 本身是 [ramp_002] 的子物件，而 [ramp_002] 就是斜坡本身的主物件且有加入碰撞器子物件但未加入剛體，所以【主角】可以走上斜坡。

凡是會移動的物體，其 [Static] 屬性不會被勾選，例如【敵人】的 Static 就是勾銷狀態 。凡是有使用角色控制器（Character Controller）、碰撞器（Collider）、導航（Navigation）的動態物體，都不會穿越靜態物體。因此我們通常會將背景物件勾選 [Static] 屬性，以避免被角色穿越。

此外碰撞器要發生作用，則兩個互相碰撞物件都一定要有碰撞器，且其中之一必須要有剛體。碰撞器與剛體之間的交互影響，以下使用【主角】來做說明。

1. 【主角】有碰撞器，沒有剛體：主角會穿越所有場景，但是可以撞倒綠色木箱，因爲木箱有加載剛體，但是其它的場景物件並沒有加載剛體。

2. 【主角】沒有碰撞器，有剛體：主角會直接掉下地板跌出場景。因爲剛體具備物理性質，但是主角身上沒有碰撞器標定自己的碰撞範圍，即便地板有碰撞器，角色依舊會掉下去。

3. 【主角】有碰撞器也有剛體：主角不會穿越場景，也可以撞倒木箱。

4. 【主角】有角色控制器有碰撞器沒有剛體：主角不會穿越場景，也沒辦法撞倒木箱，因爲角色會同時受到碰撞器以及角色控制器的限制，而角色控制器會避免角色主動撞到東西（但可以被別人撞到）。

5.【主角】有角色控制器也有剛體：不論有沒有碰撞器，都很容易發生控制衝突 (但不是永遠都有控制衝突)，不建議讀者使用此種方式控制角色。

同時使用剛體與碰撞器在 Unity 開發極爲常見，而且近戰類遊戲幾乎都採用此種運作方式。【主角】使用剛體以及碰撞器，而【敵人】也比照辦理卻發生自動導航失控現象，這是因爲物理作用導致。Unity 也允許我們視情況開啓或關閉物理控制，剛體內有 [Is Kinematic] 設定，勾選後可以讓剛體忽略一切物理操控。[Is Kinematic] 經常是遊戲程式裡面進行切換，以便視情況開啓或關閉物理作用。

當【敵人】受導航網格代理操控時，剛體也同時受到各種物理衝擊（例如碰到東西、與地面磨擦等等），於是剛體會不斷要求【敵人】依據物理現象而改變位置，以便產生碰撞、振動或彈開等效果。

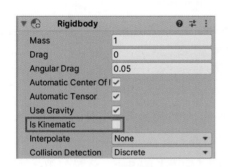

當同時有超過一個以上不同元件要求控制物件移動時，就很容易導致失控。例如導航器要求下一格畫面時角色必須往前走，而剛體卻要求角色因爲受力而必須往後彈開，請問要聽哪一個元件的命令？於是就會發生控制衝突，解決這個問題只需要勾選剛體 [Is Kinematic] 選項關閉物理模擬即可。

一般我們經常會預先關閉剛體物理性質，等到需要的時候再打開。讀者一定要特別注意，如果自動導航角色需要使用剛體，請在導航時設定 Is Kinematic 爲勾銷狀態（false）。

9.3 導航動畫控制

本節內容要讓【敵人】的導航網格代理能夠與動畫控制器協同運作，以便一面追蹤、一面播放合適動畫。導航網格代理會控制【敵人】移動至目的地，如果我們導航時又要求播放自帶位移量的動畫，導航器就會被動畫自帶位移所干擾，變成導航網格代理移動角色的同時又被額外加上動畫位移，而造成奇怪的現象，例如跑錯位置，必須予以克服。最簡單的做法是利用導航器移動角色位置，我們則讀取導航器的速度與轉向資訊來控制播放何種動畫，且動畫位移保持關閉，於是就不會出現雙重控制的現象了。我們也可以利用導航網格代理資訊驅動動畫控制器，並使用自帶位移來導航，但是那個做法對初學者而言較爲複雜，本書不多做介紹。

本書建議初學者導航動畫運作方式是，角色位置由導航網格代理來移動，程式讀取導航網格代理的速度與方向資訊後，交給動畫控制器去播放不帶位移的動畫即可。因此第一個步驟是關閉【敵人】動畫控制器使用自帶位移的功能。請注意，若是【敵人】要使用剛體（Rigidbody）的話，則 [Animator] 的 [Update Mode] 一定要選擇 [Animate Physics]，以避免動畫自帶位移與剛體間因雙重控制而引發問題。

修改【敵人控制】程式碼以便套用【敵人動畫控制器】（參見 [Assets/ 第九章 / 敵人控制 2.cs]）：

```
1   ⊞using ...
      ⚙Unity 指令碼（1 個資產參考）|0 個參考
5   ⊟public class 敵人控制 : MonoBehaviour
6   {
7       public GameObject 追蹤目標;
8       NavMeshAgent 導航器;
9       Animator 動畫控制器;
10      public float 最大加速度 = 5f;
          ⚙Unity Message|0 個參考
11      void Start()
12      {
13          導航器 = GetComponent<NavMeshAgent>();
14          動畫控制器 = GetComponent<Animator>();
15      }
          ⚙Unity Message|0 個參考
16      void Update()
17      {
18          float 距離 = Vector3.Distance(追蹤目
              標.transform.position, transform.position);
19          if (距離 > 導航器.stoppingDistance)
20              導航器.SetDestination(追蹤目標.transform.position);
21          else
22              導航器.velocity = Vector3.zero;
23          float 速度 = 導航器.velocity.magnitude;
24          Vector3 旋轉方向 = Quaternion.Inverse
              (transform.rotation) * 導航器.desiredVelocity;
25          float 方向 = Mathf.Atan2(旋轉方向.x, 旋轉方向.z) /
              Mathf.PI;
26          導航器.acceleration = Mathf.Min(距離, 最大加速度);
27          動畫控制器.SetFloat("速度", 速度 * 2 /導航器.speed);
28          動畫控制器.SetFloat("方向", 方向);
29      }
30  }
```

現在控制敵人自動導航的策略是，導航網格代理負責移動【敵人】位置，動畫控制器只負責播放動畫而不負責位移。

第 9 行程式碼新增一個名為【動畫控制器】的 Animator 物件，用來存放【敵人】的動畫控制器，並且在第 14 行程式碼取得自己的 [Animator] 並指定給【動畫控制器】。

第 10 行程式碼新增一個公用浮點變數【最大加速度】，未來將會顯示在編輯器畫面，讓使用者可以控制【敵人】的最大加速度。由於我們播放的動畫不見得與速度和加速度匹配，所以要允許使用者做一些調整，讓動畫可以呈現得更平順。

第 18 行宣告浮點數【距離】且設定其初始值為【追蹤目標】到自己之間的距離。Unity 使用三維向量 Vector3 來描述方向、旋轉量、速度、角速度等資料。導航網格代理一共有兩個關於速度的屬性，其中一個是導航網格代理的真實速度（velocity），另一個則是導航網格代理希望達到的速度（desiredVelocity）。導航器 .velocity 以及導航器 .desiredVelocity 都是三維向量，用來表達導航網格代理希望物體在三軸方向的移動速度，因此這個向量的實際長度才是它的真實速度。我們在三維向量之後加上 .magnitude 可以取得向量長度，所以第 23 行利用 導航器 .velocity.magnitude 取得向量長度所指定的【速度】，才是導航網格代理的真實速度。得到速度值之後，就可以傳遞給動畫控制器的參數使用了。導航網格代理希望物體的移動速度不代表導航真的能用那個速度前進，路上總有險阻，因此實際速度往往不等於期望速度，請千萬注意。

原本我們在每次畫面更新時直接設定【導航器】的目的地位置，現在改為先在 19 行判斷自己與追蹤目標之間的距離是否大於我們在【敵人】的 [NavMeshAgent] 元件設定的 [Stopping Distance]，如果大於 [Stopping Distance] 才要在第 20 行設定【導航器】的目的地是追蹤目標的位置。加上 19 行程式碼的目的，是避免【敵人】在距離【主角】很近時還在反覆設定【導航器】朝向【主角】前進。

21 行程式碼指定在第 19 行判斷不成立時要執行第 22 行程式碼，而第 22 行程式碼則直接讓【導航器】停止，此處我們利用 NavMeshAgent.velocity 直接設定導航網格代理的速度，而 Vector3.zero 則是三維座標 (0, 0, 0) 值的意思。

第 23 行宣告浮點型態變數【速度】，並且指定它的初始值是【導航器】速度向量的長度。

第 24 行主要目的是取得旋轉方向。旋轉再旋轉用的是乘（*）而不是加（+），旋轉量不是位置，移動位置用加法而旋轉用乘法。由於旋轉在 Unity 內部使用的是 Quaternion 形式運算，所以計算方式與一般用三軸旋轉角度方式大不相同。在 Unity 裡面，transform.rotation 是 Quaternion 形式，所以要旋轉它請記得使用乘法。如果使用【敵人】的 transform.rotation * 導航方向 的話，得到的是【導航方向】往 transform.rotation 的旋轉量，因此反向的 transform. rotation * 導航方向 才是我們要的旋轉量，而反向的 transform.rotation 則要利用 Quaternion. Inverse(transform.rotation) 來取得。

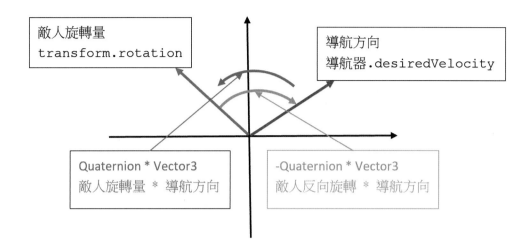

第 25 行程式碼利用 Mathf.Atan2(Y, X) 取得 X-Y 平面的夾角，由於 Unity 座標體系裡面角色的正面方向是 X-Z 平面的 (0, 1) 方向，但是我們平常討論的夾角卻是 X-Y 平面的 (1, 0) 方向，所以計算方式才會變成 Mathf.Atan2(旋轉方向 .x, 旋轉方向 .z)，傳回值會在正負之間。我們在動畫控制器裡面【方向】參數值的設定是 -1 到 +1 之間，於是將它除以 Mathf.PI 值（也就是 3.14159⋯）以便讓最終結果介於正負 1 之間。

第 26 行設定導航器的加速度為【敵人】與【追蹤目標】的距離和【最大加速度】之間的最小值。這一行的目的是讓敵人離主角愈遠時，導航器會有愈大的加速度，如果敵人離主角很近時則加速度會變小。導航器加速度值愈大，則敵人的動作變化幅度也會愈大。當敵人離主角很近時，如果動作變化還是很大的話，會讓敵人動作一直大幅抖動十分難看，故而距離愈近則動作變化要愈小愈平順，才會符合視覺效果。

第 27 行設定動畫控制器的「速度」參數為我們在 23 行計算的【速度】，並且乘以 2 再除以檢查器窗格 [NavMeshAgent] 裡面設定的 [Speed] 也就是 導航器 .velocity，讓速度值可以控制在 2 以下，以配合動畫控制器裡面【速度】參數值最大到 2 就會完全進入跑步狀態。第 28 行設定動畫控制器的「方向」參數是第 25 行程式算出來的【方向】。

完成以上程式之後測試遊戲，【敵人】應該能夠一面移動一面播放動畫。

9.4 敵人自動攻擊

當【敵人】追上【主角】並停下之後應自動攻擊【主角】。修改【敵人控制】程式碼（參見 [Assets/ 第九章 / 敵人控制 3.cs]），由於程式碼較長，所以拆解為兩部份說明。第一部份：

```
圖t    5    ⊟public class 敵人控制 : MonoBehaviour
       6    {
       7        public GameObject 追蹤目標;
       8        NavMeshAgent 導航器;
       9        Animator 動畫控制器;
      10        public float 最大加速度 = 5f;
      11        float 攻擊距離;
                ⚙Unity Message|0 個參考
      12    ⊟   void Start()
      13        {
      14            導航器 = GetComponent<NavMeshAgent>();
      15            動畫控制器 = GetComponent<Animator>();
      16            攻擊距離 = 導航器.stoppingDistance;
      17        }
```

第 11 行加入私有浮點變數【攻擊距離】，當【敵人】與【主角】之間的距離小於【攻擊距離】時，讓【敵人】切換進入攻擊狀態。

第 16 行在程式開始時執行，設定【攻擊距離】是 [NavMeshAgent] 裡面的 [Stopping Distance] 值為基準，實際值應該要經過測試後做一些增減，以免【敵人】發動攻擊永遠無法擊中【主角】。

【敵人控制】第二部份程式碼如下：

```
      18    ⊟   void Update()
      19        {
      20            float 距離 = Vector3.Distance(追蹤目              ⤶
                        標.transform.position, transform.position);
      21            if (距離 > 導航器.stoppingDistance)
      22                導航器.SetDestination(追蹤目標.transform.position);
      23            else
      24                導航器.velocity = Vector3.zero;
      25            float 速度 = 導航器.velocity.magnitude;
      26            Vector3 旋轉方向 = Quaternion.Inverse              ⤶
                        (transform.rotation) * 導航器.desiredVelocity;
      27            float 方向 = Mathf.Atan2(旋轉方向.x, 旋轉方向.z) /   ⤶
                        Mathf.PI;
      28            導航器.acceleration = Mathf.Min(距離, 最大加速度);
      29            動畫控制器.SetFloat("速度", 速度 * 2 /導航器.speed);
      30            動畫控制器.SetFloat("方向", 方向);
      31    ⊟       if (距離 < 攻擊距離)
      32            {
      33                transform.LookAt(追蹤目標.transform);
      34                動畫控制器.SetBool("開始攻擊", true);
      35            }
      36            else
      37                動畫控制器.SetBool("開始攻擊", false);
      38        }
      39    }
```

第 31 行判斷追蹤目標與自己之間的距離是否小於等於攻擊距離，如果條件成立，則執行第 32～35 行之間的程式碼。

第 32 行執行 transform.LookAt(目標位置) 方法，它會旋轉自己的方向以面對目標位置，就可讓敵人面向主角再發動攻擊。

第 34 行設定動畫控制器裡面的「開始攻擊」參數為 true，於是會播放攻擊動畫。

如果第 31 行的判斷不成立，則會執行第 37 行，設定動畫控制器裡面的「開始攻擊」參數為 false，於是就不會播放攻擊動畫。

測試程式，【敵人】會自動追上【主角】並面向【主角】攻擊。目前我們沒有實作擊中偵測，所以敵人的攻擊不會產生任何影響。攻擊偵測的方法有很多種，以敵人攻擊主角為例，常見的做法包含 1. 使用碰撞器偵測，當碰撞器碰到主角就算擊中。2. 使用射線偵測方式，在敵人攻擊位置使用射線往前偵測一定距離內是否有主角的碰撞器，如果有就算擊中。3. 使用距離和角度來判斷，直接計算敵人和主角間的距離與角度，如果符合攻擊設定的距離與扇形範圍就算擊中。4. 使用物理引擎找尋一定範圍內的碰撞器，要是其中包含主角的碰撞器算擊中。而使用碰撞器來偵測的話，又可以分為實體碰撞與碰撞觸發兩種方式。使用實體碰撞，則武器撞擊到主角時，主角會被彈開，若不希望主角被彈開，則要使用碰撞觸發。實務上多半遊戲比較不會使用實體撞擊，例如多半遊戲裡面主角拿刀砍怪時，我們通常看到的是刀子直接穿越怪物，而不是刀子砍不斷怪物彈開或者將怪物砍飛。

為了判斷是否命中【主角】，我們預計在武器上面放置碰撞器以進行碰撞偵測。由於【敵人】使用的武器是他的右拳，所以我們到階層窗格找尋右拳的位置，以便決定要在哪一個子物件上面放置碰撞器：

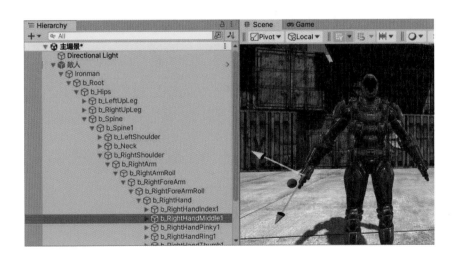

點選 [b_RightHandMiddle1] 之後，到檢查器窗格裡面使用 [Add Component] → [Physics] → [Sphere Collider] 以加入球形碰撞器，並設定它的標籤 [Tag] 為【敵人】，半徑 [Radius] 為 0.5：

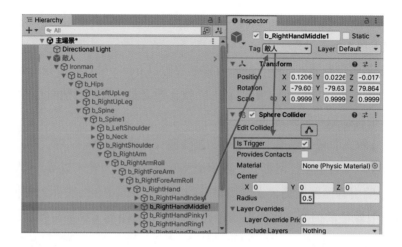

　　碰撞器大小在場景窗格裡面可以看到，讀者可以自行調節尺寸，半徑愈大則代表攻擊範圍愈大。此外球形碰撞器當中勾選 [Is Trigger] 的目的在於讓碰撞器僅具備偵測作用，而不會引起碰撞。如果不勾選的話，則敵人的拳頭擊中主角時，主角會被彈開（通常往後彈一下），萬一主角被一群敵人圍攻時，甚至會被彈到天上而產生奇怪的現象。

　　修改【主角控制】程式以便測試能否讀取到被【敵人】攻擊（參見 [Assets/ 第九章 / 主角控制 14.cs]）：

```
     1    ⊞using ...
     4
          ❀Unity 指令碼 (1 個資產參考)|0 個參考
□↑   5    □public class 主角控制 : MonoBehaviour
     6     {
     7        Animator 動畫控制器;
     8        public GameObject 攻擊特效, 特效位置, 攻擊氣功彈;
     9        GameObject 播放中特效;
    10        public AudioClip 攻擊音效;
          ❀Unity Message|0 個參考
    11    ⊞   void Start()...
          ❀Unity Message|0 個參考
    15    ⊞   void Update()...
          0 個參考
    28    ⊞   public void 特效開始()...
          0 個參考
    35    ⊞   public void 特效結束()...
          ❀Unity Message|0 個參考
    39    □   private void OnTriggerEnter(Collider 碰撞器)
    40        {
    41            print(碰撞器.gameObject.tag);
    42        }
    43     }
```

　　第 39 行宣告【主角】自己的 OnTriggerEnter() 方法，並且在第 41 行將被撞擊到的物體標籤（tag）印出。

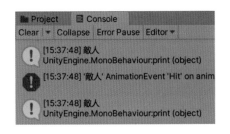

測試遊戲，Console 窗格會印出被【敵人】擊中的標籤。同時也會有錯誤訊息指出，敵人攻擊動畫裡面的 Hit() 動畫事件未被處理，此錯誤訊息不理會亦不會影響遊戲執行。讀者亦可自行找尋到該動畫的動畫事件，直接刪除 Hit() 動畫事件即可，本書未來將不會使用到該動畫事件。

　　測試遊戲後，請記得將【主角控制】的 OnCollisionEnter() 方法刪除，我們目前將不會使用到它（參見 [Assets/ 第九章 / 主角控制 15.cs]）：

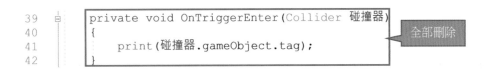

```
39   private void OnTriggerEnter(Collider 碰撞器)
40   {
41       print(碰撞器.gameObject.tag);
42   }
```

全部刪除

　　當偵測到碰撞時，不論是主角還是敵人的碰撞器處理程式的 OnTriggerEnter() 都會被執行，而主角裡面看到的是被敵人撞到，敵人裡面看到的則是被主角撞到。要在哪一個地方處理擊中目標都可以，以敵人擊中主角為例，如果主角要處理自己被敵人擊中，則最好在主角控制這邊處理；如果敵人要處理擊中主角的後續事宜，則需要在 [b_RightHandMiddle1] 裡面加載程式碼來處理。

　　讀者若仔細觀察擊中後 Console 窗格印出的訊息，應該會發現在出拳時會印出一次敵人，收拳時又會印出一次敵人。那是因為拳頭上面的碰撞器在出拳時撞到主角一次，收拳時又會撞到一次，這也是未來做扣血時需要處理的事情。

9.5 傷害輸出與扣血

　　當角色間可以互相攻擊且能偵測命中與否之後，接著開始建立攻擊輸出與扣血機制。不論【敵人】還是【主角】均已擁有攻擊能力，大型遊戲則會有更多種類的攻擊，如何系統化製作傷害輸出以及扣血機制，有許多不同的做法，並不一定要依據本書做法才行。由於本書已介紹程式設計一段時間了，故而本範例介紹如何建立特定類別來存放攻擊資訊，可以用來適應較複雜狀況。

　　在專案窗格空白處按下滑鼠右鍵，選擇 [Create] → [C# Script] 並建立名為【傷害輸出】的程式，未來不論【敵人】還是【主角】都要使用它（參見 [Assets/ 第九章 / 傷害輸出 1.txt]，由於牽涉到公有列舉型態定義，因此參考程式只能存成文字檔）：

修改【傷害輸出】程式碼：

```
1  using System.Collections;
2  using System.Collections.Generic;
3  using UnityEngine;
   1 個參考
4  public enum 武器種類 { 拳腳, 武器};
   1 個參考
5  public enum 角色種類 { 主角, 敵人};
   Unity 指令碼 | 0 個參考
6  public class 傷害輸出 : MonoBehaviour
7  {
8      public 武器種類 武器;
9      public 角色種類 角色;
10     public float 傷害值;
11     public bool 攻擊中 = false;
   0 個參考
12     public void 攻擊開始()
13     {
14         攻擊中 = true;
15     }
   0 個參考
16     public void 攻擊結束()
17     {
18         攻擊中 = false;
19     }
20 }
```

第 4 行與第 5 行宣告公有（public）列舉（enum）型態武器種類與角色種類，由於宣告的位置在類別定義範圍之外，因此本遊戲專案全部的程式都可使用它。

未來輸入程式時，只要鍵入「武」字就會出現武器種類，代表它可以被大家使用。

第 8～11 行宣告各項公有屬性以存放資料。第 8 宣告公有武器種類屬性【武器】，用來存放武器種類。第 11 行【攻擊中】的屬性，未來在攻擊狀態下才將它設為 true，以便讓其他程式知道目前處於攻擊狀態才允許扣血。讀者需要瞭解，意外擦撞也會引發碰撞偵測，然而非攻擊時的碰撞行為卻不應扣血。

第 12～15 行宣告 攻擊開始 () 方法，只要呼叫它就會設定【攻擊中】的值為 true。

第 16～19 行宣告 攻擊結束 () 方法，只要呼叫它就會設定【攻擊中】的值為 false。

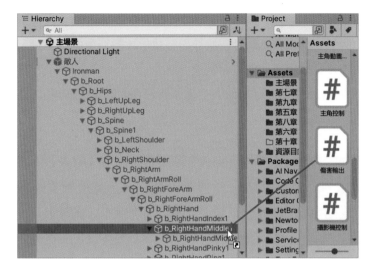

在層級選單選擇【敵人】右拳放置碰撞器的位置，然後到專案窗格將【傷害輸出】拖曳到中指位置 [b_RightHandMiddle1] 放開。

於是【敵人】用來攻擊的拳頭部位的 [b_RightHandMiddle1] 搭載了【傷害輸出】程式，實際上它會以物件形式存在。

設定 [武器] 為 [拳腳]，[角色] 為 [敵人]，[傷害值] 為 10。

未來我們將依據 [傷害輸出] 當中的各項設定，來判斷攻擊的角色以及傷害值等相關訊息。

修改【敵人控制】程式的 Update() 方法原本的 31〜37 行程式（參見 [Assets/ 第九章 / 敵人控制 4.cs]）：

```
31          if (距離 <= 攻擊距離)
32          {
33              transform.LookAt(追蹤目標.transform);
34              動畫控制器.SetBool("開始攻擊", true);
35              BroadcastMessage("攻擊開始");
36          }
37          else
38          {
39              動畫控制器.SetBool("開始攻擊", false);
40              BroadcastMessage("攻擊結束");
41          }
```

第 35 行的 BroadcastMessage(" 攻擊開始 ") 用來呼叫敵人全部子物件裡面的 攻擊開始 () 方法。即便兩個拳頭兩個腳以及手上還有武器都沒有關係，【敵人】全身有掛載【傷害輸出】程

式的 攻擊開始 () 都會被呼叫，於是每個【傷害輸出】的【攻擊中】都會變成 true 值。眞實遊戲經常出現攻擊被打斷而無法輸出的例子，所以合適的做法應該是在播放攻擊特效的地方設定【攻擊中】，因爲特效播放出來了應該要有輸出才比較符合常態。

第 40 行的 BroadcastMessage(" 攻擊結束 ") 用來呼叫敵人全部子物件裡面的 攻擊結束 () 方法，以便將全部的【攻擊中】屬性都設定爲 false。

請先在階層窗格點選【敵人】，然後測試遊戲時注意觀察檢查器窗格。在敵人攻擊時，【攻擊中】將會被打勾，代表屬性被正確設定。操控主角跑離【敵人】，當【敵人】沒有攻擊時，則【攻擊中】將被勾銷。

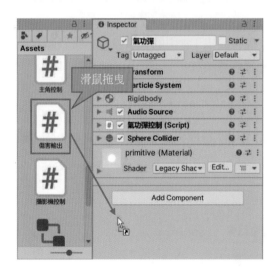

爲【主角】做攻擊設定。編輯主角的攻擊點，也就是【氣功彈】。請到專案窗格用滑鼠雙擊【氣功彈】，就會進入預製件編輯模式。然後將專案窗格當中的【傷害輸出】拖曳到檢查器窗格空白處放開，於是就可以將【傷害輸出】搭載到【氣功彈】裡面，並調整設定如下：

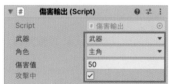

由於氣功彈已有碰撞器，我們只需要爲它加上【傷害輸出】即可。【傷害輸出】的目的即是做出所有攻擊都能通用的元件，讓主角和敵人都能透過此通用元件儲存傷害輸出相關的設定。

現在處理敵人扣血。在專案窗格利用滑鼠右鍵 [Create] → [C# Script] 新增【血量控制】程式，並修改程式如下（參見 [Assets/ 第九章 / 血量控制 1.cs]）：

```
 1      ⊞using  ...

 4
         ⚙Unity 指令碼 (1 個資產參考)|0 個參考
📁↑      
 5      ⊟public class 血量控制 : MonoBehaviour
 6       {
 7           public float 血量 = 100;
 8           public 角色種類 有害角色;
             ⚙Unity Message|0 個參考
 9       ⊟   private void OnCollisionEnter(Collision 撞擊資訊)
10           {
11               扣血(撞擊資訊.collider.gameObject.GetComponent<傷害輸出> ⮠
                 ());
12           }
             ⚙Unity Message|0 個參考
13       ⊟   private void OnTriggerEnter(Collider 碰撞器)
14           {
15               扣血(碰撞器.gameObject.GetComponent<傷害輸出>());
16           }
             2 個參考
17       ⊟   void 扣血(傷害輸出 傷害資訊)
18           {
19               if (傷害資訊 != null && 傷害資訊.角色 == 有害角色 && 傷害資 ⮠
                 訊.攻擊中)
         ⊟       {
20                   血量 -= 傷害資訊.傷害值;
21                   print(血量);
22               }
23           }
24       }
25       }
```

第 7 行設定公有浮點屬性【血量】並給予初始值 100，存放角色的血量。

第 8 行設定公有角色種類【有害角色】，用來設定對自己有害的角色種類。

第 9～12 行宣告 OnCollisionEnter() 方法用來處理實體碰撞。一個角色身上可以掛載任意數量的程式，每支程式都可以處理全部的事件，例如【敵人控制】可以處理碰撞，【血量控制】也可以處理碰撞，並沒有規定碰撞只能處理一次。OnCollisionEnter() 方法預設會傳遞 Collision 類別的撞擊相關訊息進去，我們將傳遞進來的參數命為【撞擊資訊】。

第 11 行呼叫 扣血 () 方法，並且傳遞撞擊到自己的傷害輸出物件進去。

撞擊資訊 .collider.gameObject 是撞擊到自己的遊戲物件（可能是拳頭或武器一類的），於是我們利用 GetComponent< 傷害輸出 >() 來取得撞擊物體之傷害輸出物件，再傳遞給 扣血 ()。

第 13～16 行程式碼宣告 OnTriggerEnter() 方法用來處理碰撞觸發，也就是當碰撞器的 [Is Trigger] 項目勾選後，碰撞器之間發生穿越時要處理的程式碼。第 12 行 OnTriggerEnter() 方法的傳遞參數是 Collider 類型，本範例自行命名為【碰撞器】。第 15 行程式碼 碰撞器 .gameObject 就是被撞到的物件本身，於是我們利用 GetComponent< 傷害輸出 >() 來取得撞擊到我們的物體之傷害輸出物件，然後再傳遞給 扣血 ()。

第 17～24 行宣告扣血 () 方法，並且在第 17 行設定扣血 () 方法沒有傳回值（void），需要傳遞傷害輸出類型的參數且命名為【傷害資訊】。

　　撞擊到角色的東西可能是有傷害輸出的武器，也有可能是無害的場景，如果撞擊到的物體沒有傷害輸出的話，第 17 行的【傷害資訊】物件存放的就會是 null 值，代表「沒有東西」的意思。C# 程式語言的 null 意指虛無值，於是第 19 行程式碼判斷【傷害】值如果不是 null [傷害資訊 != null]，代表撞到我們的東西有傷害性，才要進行後續判斷傷害輸出的角色是不是有害角色 [傷害資訊 . 角色 == 有害角色]，而且傷害輸出是不是在攻擊中的狀態 [傷害資訊 . 攻擊中]，如果都成立的話，代表被有害角色的攻擊動作擊中，需要執行 20～23 行之間的扣血程式碼。請注意 && 是邏輯 AND 也就是「且」的意思而 != 是邏輯不等於的意思。

　　第 21 行令【血量】指定為原本的【血量】減去【傷害值】。

　　第 22 行將血量印出，以便進行測試。

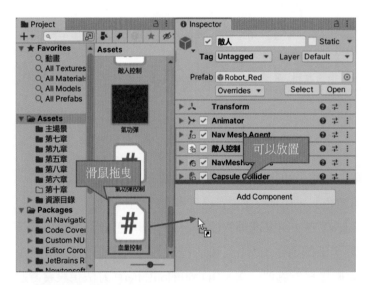

先到階層窗格點選【敵人】，然後將專案窗格的【血量控制】拖曳到檢查器窗格空白處放開，於是就可以將【血量控制】加載到【敵人】身上。

設定血量為 100，[有害角色] 為【主角】。於是敵人被碰撞器擊中時，【血量控制】將會把【角色】為【主角】的撞擊視為有效攻擊。

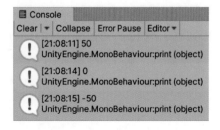

測試遊戲，每次【主角】擊中【敵人】後，控制台窗格都會顯示血量減少 50 點。

先到階層窗格點選【主角】，然後將專案窗格的【血量控制】拖曳到檢查器窗格空白處放開，於是就可以將【血量控制】加載到【主角】身上，然後設定 [有害角色] 為 [敵人]。測試遊戲，如果【敵人】擊中【主角】則會順利扣血：

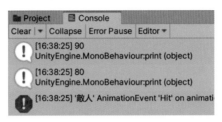

註：Hit() 動畫事件讀者可以自行清除，該錯誤不影響執行。

測試完畢後刪除 扣血 () 方法裡面第 22 行的 print(血量); 程式碼，未來將不再使用它來印出血量訊息（參見 [Assets/ 第九章 / 血量控制 2.cs]）：

```
17    void 扣血 (傷害輸出  傷害資訊)
18    {
19        if  (傷害資訊 != null && 傷害資訊.角色 == 有害角色 && 傷害資
          訊.攻擊中)
20        {
21            血量 -= 傷害資訊.傷害值;
22        }
23    }
```

9.6 播放擊中效果

既然可以正常扣血，那麼符合扣血條件就代表被擊中，需要播放擊中效果。播放擊中效果的程式可以放在不同的位置，此處我們將特效放在【傷害輸出】，原因是不同攻擊要對應不同的擊中特效，而【傷害輸出】直接控制傷害的各項設定，故而更適合利用它來播放攻擊特效。更改【傷害輸出】程式碼如下（參見 [Assets/ 第九章 / 傷害輸出 2.txt]），由於程式碼較長，故分為兩段說明：

```
◙↑    6   ⊟public class 傷害輸出 : MonoBehaviour
      7   {
      8        public 武器種類 武器;
      9        public 角色種類 角色;
     10        public float 傷害值;
     11        public bool 攻擊中 = false;
     12        public ParticleSystem 擊中特效;
     13        Vector3 撞擊點;
     14        GameObject 撞擊物件;
            ⊕Unity Message|0 個參考
     15   ⊟    private void OnCollisionEnter(Collision 撞擊資訊)
     16        {
     17            撞擊物件 = 撞擊資訊.gameObject;
     18            撞擊點 = 撞擊資訊.contacts[0].point;
     19            if (攻擊中)
     20                播放特效();
     21        }
            ⊕Unity Message|0 個參考
     22   ⊟    private void OnTriggerEnter(Collider 碰撞器)
     23        {
     24            撞擊物件 = 碰撞器.gameObject;
     25            撞擊點 = 碰撞器.bounds.ClosestPoint
                     (transform.position);
     26            if (攻擊中)
     27                播放特效();
     28        }
```

第 12 行宣告公有【擊中特效】粒子系統物件，用來存放被擊中時要播放的特效，未來我們將在編輯器使用滑鼠拖曳的方式來指定特效。請注意，多半的遊戲特效均使用粒子系統 (Particle System) 製作。

第 13 行宣告三維座標【撞擊點】，用來存放被擊中的位置，未來將在被擊中的位置播放特效。

第 14 行宣告名為【撞擊物件】的遊戲物件，用來存放被自己撞到的遊戲物件。由於本程式是放在攻擊武器上面執行，而我們播放擊中特效時，則應該要在被擊中的物件上面播放，所以要知道武器撞擊到了哪個遊戲物件。就像飛彈擊中飛機，飛機冒著煙墜落時，擊中的爆炸與冒煙特效應該附著在飛機上面播放，而不是在飛彈上面播放。

第 15～21 行宣告 OnCollisionEnter() 方法用來處理實體碰撞，此方法預設會傳遞 Collision 類別的撞擊相關訊息進去，我們將傳遞進來的參數命為【撞擊資訊】。讀者可能會想到之前【血量控制】就已經在處理攻擊的實體碰撞了，為何又要在這個地方再處理一次呢？此時就要提到物件導向程式設計的基本概念，我們要站在物件的角度思考事情。當攻擊發生時，攻擊的一方與被擊中的一方都各自有事情要處理，於是我們站在被擊中的一方，因為碰撞器設定的不同，因此分別透過 OnCollisionEnter() 以及 OnTriggerEnter() 來處理被擊中後的扣血相關事宜。站在攻擊的一方，同樣透過 OnCollisionEnter() 以及 OnTriggerEnter() 來處理我們這個攻擊方法要播放哪種擊中特效。於是各自站在自己的角度去思考，程式撰寫才會通順，更可避免發生不必要的錯誤。

　　第 17 行設定【撞擊物件】為撞擊資訊所在的遊戲物件。

　　第 18 行算是套路的用法，凡是實體碰撞發生後，OnCollisionEnter() 傳遞進來的物件本身即是撞擊相關的資訊，此物件當中的 contacts 子物件陣列則存放著撞擊接觸點的資訊。複雜的遊戲可能需要針對每個接觸點都要做特定處理，目前我們僅為了播放特效，因此使用第一個接觸點就可以了，而陣列註標由 0 開始，所以第一個接觸點就是 contacts[0]，而 contacts[0].point 就是第一個接觸點的位置。

　　第 19 行用來判斷自己是不是在攻擊中的狀態，如果是在攻擊狀態，則執行第 20 行呼叫播放特效 () 方法。請讀者務必注意，只要有碰撞器，不論是否攻擊別人或是遭受攻擊，該碰撞器都會因為碰到東西而執行相關程式，因此我們需要判斷自己攻擊別人時才要播放特效。

　　第 22 行宣告 OnTriggerEnter() 方法用來處理碰撞觸發，也就是當碰撞器的 [Is Trigger] 項目勾選後，碰撞器之間發生穿越時要處理的程式碼。此方法傳遞參數是 Collider 類型，本範例自行命名為【碰撞器】。

　　第 24 行第 17 行設定【撞擊物件】為碰撞器所在的遊戲物件。

　　第 25 行是套路用法。觸發器，也就是勾選了 [Is Trigger] 的碰撞器，本身並沒有直接的方式傳遞接觸點，所以我們採用計算的方式來取得。碰撞器 .bounds.ClosestPoint(特定位置) 用來取得該碰撞器邊界（bound）範圍與特定位置最接近的空間座標，而此處的 transform. position 則是攻擊物件自己的原點。所以被擊中的物體碰撞器上面最接近攻擊武器原點的位置就可以順利取得，並且指定給【撞擊點】。

　　第 26～27 行做法與 19～20 行雷同，判斷自己攻擊別人時才要播放特效。

　　程式碼第二部份如下：

```
29        public void 播放特效()
30        {
31            StartCoroutine("特效處理", Instantiate(擊中特效, 撞擊點,
                  Quaternion.Euler(Vector3.zero), 撞擊物件.transform));
32        }
          0 個參考
33        IEnumerator 特效處理(ParticleSystem 特效)
34        {
35            yield return new WaitForSeconds(.5f);
36            Destroy(特效);
37        }
```

　　在第 29～32 行宣告 播放特效 () 方法。

　　接著在第 31 行執行 特效處理 (特效) 協作程序。我們使用的格式是 StartCoroutine(" 協作程序名稱 ", 參數); 於是 StartCoroutine(" 特效處理 ", Instantiate(..)); 的意思就是要執行第 33 行

宣告的 特效處理 (特效) 協作程序，並且將 Instantiate(..) 產生的物件當成參數傳遞進去。此處使用的 Instantiate (..) 格式是 Instantiate (要被產生的物件 , 物件產生位置 , 旋轉角度 , 父物件 Transform); 因此，Instantiate(受傷特效 , 撞擊 .GetContact(0).point , Quaternion.Euler(Vector3.zero), 撞擊物件 .transform) 也就是要在撞擊點的位置，產生一個指定特效，而且它不旋轉，父物件是撞擊物件的 transform。

　　第 33～37 行宣告名為 特效處理 的協作程序，它需要傳遞名為【特效】的 ParticleSystem 粒子系統物件為參數。第 35 行要求協作程序等待 0.5 秒鐘，然後在第 36 行時將【特效】於記憶體中刪除。我們利用這種做法，讓特效播放半秒鐘後自動消失。

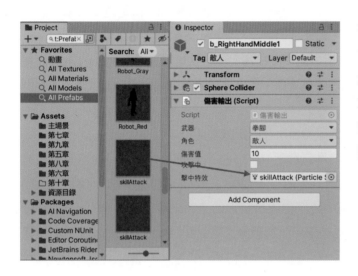

在階層窗格展開【敵人】並點選攻擊發起的位置 [b_RightHandMiddle1]，然後在專案窗格 [Favorites] → [All Prefabs] 中將 skillAttack 用滑鼠拖曳到檢查器窗格的 [擊中特效]，於是敵人在擊中主角時將會播放此特效。

　　利用相同方式為【氣功彈】預製件的 [傷害輸出] → [擊中特效] 加上 sKillAttack2 特效。此時再測試遊戲，當擊中角色之後已經可以播放擊中特效了：

　　特效播放完畢順便播放音效。修改【傷害輸出】程式碼如下（參見 [Assets/ 第九章 / 傷害輸出 3.txt]）：

```
 6  public class 傷害輸出 : MonoBehaviour
 7  {
 8      public 武器種類 武器;
 9      public 角色種類 角色;
10      public float 傷害值;
11      public bool 攻擊中 = false;
12      public ParticleSystem 擊中特效;
13      Vector3 撞擊點;
14      GameObject 撞擊物件;
15      public AudioClip 擊中音效;
           Unity Message|0 個參考
16      private void OnCollisionEnter(Collision 撞擊資訊)...
           Unity Message|0 個參考
23      private void OnTriggerEnter(Collider 碰撞器)...
         2 個參考
30      public void 播放特效()
31      {
32          AudioSource.PlayClipAtPoint(擊中音效, 撞擊點);
33          StartCoroutine("特效處理", Instantiate(擊中特效, 撞擊點,
               Quaternion.Euler(Vector3.zero), 撞擊物件.transform));
34      }
```

　　播放音效的方式與先前章節介紹的方法完全一樣，在第 15 行宣告公有 AudioClip 類別的【擊中音效】物件，用來存放被擊中時的音效。然後在第 32 行播放，由於之前已經計算出撞擊點位置，所以直接在撞擊點處播放音效即可。

接著在敵人的 [b_RightHandMiddle1] 以及 [氣功彈] 預製件，直接點選 [擊中音效] 後方的 ◎ 符號選擇音效即可。

　　經過以上操作之後請測試遊戲，攻擊擊中角色不但有特效也會有音效了。

9.7 顯示被擊中動畫

製作被擊中時播放動畫的程式。遊戲多半會讓角色被擊中不同位置時顯示不同的動畫，此處我們不區分上下，只區分前後左右的位置來播放不同動畫。

修改【敵人動畫控制器】，新增動畫混合樹 [Create State] → [From New Blend Tree]：

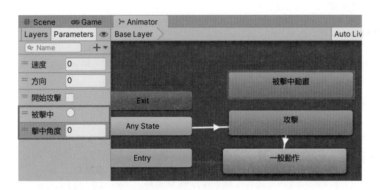

將 [Blend Tree] 命名為【被擊中動畫】，然後新增兩個參數，一個是 Trigger 型態的【被擊中】，此型態的參數只要觸發就會執行，而不必理會它的值是什麼，然後再建立一個 Float 型態的【擊中角度】參數。

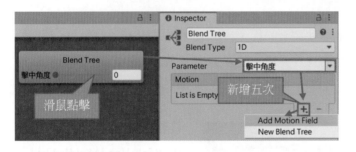

滑鼠雙擊【被擊中動畫】狀態以編輯動畫混合樹，接著點選 [Blend Tree] 後設定 [Parameter] 為 [擊中角度]，然後再連續新增五次 [Add Motion Field]。

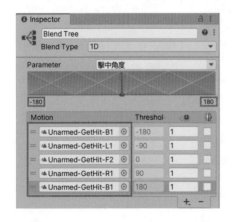

並且改變參數的最小（-180）與最大（180）值，然後按下 ⊙ 符號依序填入五個動畫：
Unarmed-GetHit-B1、Unarmed-GetHit-L1、Unarmed-GetHit-F2、Unarmed-GetHit-R1、Unarmed-GetHit-B1。
以上的構想是如果擊中角度是 0 代表正前方被擊中，往右旋轉為正往左旋轉為負。90 度代表正右方被擊中，-90 度代表正左方被擊中，而 180 度或 -180 度則代表正後方被擊中。

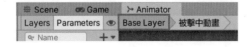

點選 [Base Layer] 以回到上一層。

建立 [Any State] 指向【被擊中動畫】的狀態過渡，勾銷 [Has Exit Time] 以便被擊中立即播放動畫，勾選 [Can Transition To Self] 以便連續擊中就會立刻連續播放，並且設定它的 [Conditions] 為 [被擊中]：

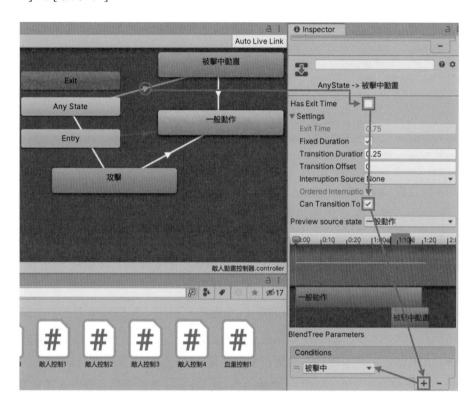

建立【被擊中動畫】指向【一般動作】的狀態過渡，不指定 [Conditions] 所以動畫播放完畢後無條件轉換狀態到【移動與閒置】，勾選 [Has Exit Time] 以便讓【被擊中】狀態動畫播放完畢後才轉換狀態。

修改【敵人控制】程式碼，新增 OnCollisionEnter() 事件方法（參見 [Assets/ 第九章 / 敵人控制 5.cs]）：

```
◀    5    ⊟public class 敵人控制 : MonoBehaviour
     6    |{
     7    |    public GameObject 追蹤目標;
     8    |    NavMeshAgent 導航器;
     9    |    Animator 動畫控制器;
    10    |    public float 最大加速度 = 5f;
    11    |    float 攻擊距離;
          |    ● Unity Message | 0 個參考
    12    ⊟    private void OnCollisionEnter(Collision 碰撞資訊)
    13    |    {
    14 ▯ |        Vector3 相對撞擊位置 = 碰撞資訊.GetContact(0).point - ↵
          |            transform.position;
    15    |        float 相對撞擊角度 = Mathf.Atan2(相對撞擊位置.x, 相對撞擊位 ↵
          |            置.z) / Mathf.PI * 180;
    16    |        動畫控制器.SetTrigger("被擊中");
    17    |        動畫控制器.SetFloat("擊中角度", 相對撞擊角度);
    18    |    }
```

第 12~18 行宣告 OnCollisionEnter() 事件方法用以處理被敵人擊中後的動畫播放事宜。

第 14 行宣告一個名為【相對撞擊位置】的三維向量，並且利用向量減法，取得自己位置（transform.position）指向撞擊點位置（碰撞資訊 .GetContact(0).point）的向量。撞擊 .GetContact(0) 用來取得第 0 個（C# 程式語言計算東西由 0 開始）接觸點，而 .point 則代表的是它的三維座標位置。

第 15 行宣告一個名為【相對撞擊角度】的浮點數，利用【相對撞擊位置】來算出撞擊點與自己正前方的夾角是多少。如果撞擊點在正前方則是 0，正右方是 90，再往順時鐘方向一直到正後方的 180 度為止，往逆時鐘方向到正左方則是 -90，到正後方則是 -180 度。

第 16 行設定要觸發動畫控制器的【被擊中】Trigger，於是動畫器就會進入【被擊中動畫】狀態。

第 17 行利用 動畫控制器 .SetFloat() 設定它的【擊中角度】參數值為【相對撞擊角度】。

修改【血量控制】之外，還必須修改【敵人控制】，以避免在「被擊中」狀態下發動攻擊。被擊中應該要播放完畢被擊中的動畫之後，才允許再度發動攻擊。修改【敵人控制】如下（參見 [Assets/ 第九章 / 敵人控制 6.cs]）：

```
    25    ⊟    void Update()
    26    |    {
    27    |        float 距離 = Vector3.Distance(追蹤目 ↵
          |            標.transform.position, transform.position);
    28    |        if (距離 > 導航器.stoppingDistance && !動畫控制 ↵
          |            器.GetCurrentAnimatorStateInfo(0).IsName("被擊中動 ↵
          |            畫"))
    29    |            導航器.SetDestination(追蹤目標.transform.position);
    30    |        else
    31    |            導航器.velocity = Vector3.zero;
    32    |        float 速度 = 導航器.velocity.magnitude;
```

第 28 行的 if() 命令其實是分成兩個部份，if (條件一 && 條件二) 代表的是 如果 (條件一 且 條件二) 的意思。其中：

條件一：距離 > 導航器 .stoppingDistance

條件二：!動畫控制器 .GetCurrentAnimatorStateInfo(0).IsName(" 被擊中動畫 ")

條件一之前已經解釋過，是指自己和追蹤目標之間的距離是否小於等於導航器停止距離。原本只判斷這一個項目，如果成立就進行攻擊。現在則加入條件二來判斷，是否動畫控制器目前播放的動畫狀態不是「被擊中動畫」，GetCurrentAnimatorStateInfo(0) 用來取得第 0 層 (也就是 Base Layer) 目前正在播放動畫的資訊，IsName(" 被擊中動畫 ") 則用來判斷這個狀態的名字是否叫做「被擊中動畫」。

組合起來之後，就是要在雙方距離小於我們預設的攻擊距離，而且沒有在播放【被擊中】動畫時，才能會設定導航，否則會令導航器停止。

經過以上全部操作之後可以測試一下遊戲，現在應該敵人被擊中時會播放相對應的動畫了，而且會停止下來，等被擊中動畫播放完畢之後才會繼續前進。

9.8 控制死亡動作

本節要為【敵人】加入死亡動畫，然後使用程式判斷【敵人】被【主角】攻擊到血量小於等於 0 時，讓【敵人】進入死亡狀態。

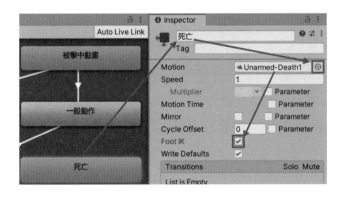

修改【敵人動畫控制器】，在動畫器窗格新增狀態 [Create State] → [Empty] 並在檢查器窗格將它命名為【死亡】，設定 [Motion] 為 [Unarmed-Death1]，並且勾選 [Foot IK]。

為【敵人動畫控制器】新增 Bool 參數【死亡】。

　　加入 [Any State] 指向【死亡】的狀態過渡，條件是在任何狀態下只要【已死亡】為 true 則進入【死亡】狀態，勾銷 [Has Exit Time] 以便動畫立刻切換以及 [Can Transition To Self] 以避免觸發自己：

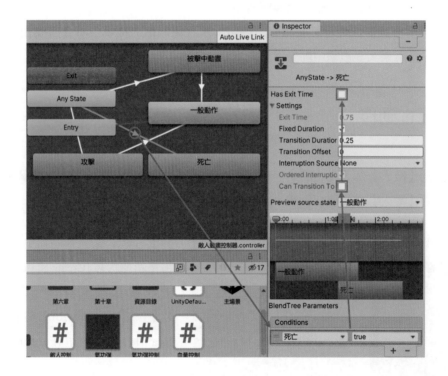

　　修改【敵人控制】程式碼如下（參見 [Assets/ 第九章 / 敵人控制 7.cs]）：

```
圖↑      5    ⊟public class 敵人控制 : MonoBehaviour
        6     {
        7         public GameObject 追蹤目標;
        8         NavMeshAgent 導航器;
        9         Animator 動畫控制器;
       10         public float 最大加速度 = 5f;
       11         float 攻擊距離;
       12         血量控制 血量資訊;
                  ⊕Unity Message|0 個參考
       13      ⊞  private void OnCollisionEnter(Collision 碰撞資訊)[...]
                  ⊕Unity Message|0 個參考
       20      ⊟  void Start()
       21         {
       22             導航器 = GetComponent<NavMeshAgent>();
       23             動畫控制器 = GetComponent<Animator>();
       24             攻擊距離 = 導航器.stoppingDistance;
       25             血量資訊 = GetComponent<血量控制>();
       26         }
                  ⊕Unity Message|0 個參考
       27      ⊟  void Update()
       28         {
       29      ⊟      if (血量資訊.血量 <= 0)
       30             {
       31                 動畫控制器.SetBool("死亡", true);
       32                 導航器.enabled = false;
       33                 this.enabled = false;
       34             }
       35             float 距離 = Vector3.Distance(追蹤目
                          標.transform.position, transform.position);
```

　　第 12 行宣告血量控制類別物件【血量資訊】。凡是我們自己撰寫的程式碼，只要裡面有使用 public class 來定義的類別（通常是程式名稱），在其他程式裡面，都可以把它當成通用類別使用。於是我們在第 12 行宣告的【血量資訊】，就是打算用來存放自己身上加載的血量控制。

　　第 25 行在遊戲開始執行時，利用 GetComponent< 血量控制 > 取得自己身上的血量控制，然後指派給【血量資訊】。

　　在每次渲染畫面時，第 29 行程式碼判斷自己身上血量控制的血量是否小於等於 0，由於【血量資訊】已經是自己身上的血量控制，所以 血量資訊 . 血量 就是【敵人】血量控制裡面現在的血量。

　　當血量小於等於 0 就代表角色死亡，所以執行第 30～34 行之間的程式碼。

　　第 31 行程式碼設定動畫控制器的【死亡】參數為 true，於是就會開始播放死亡動畫。

　　第 32 行程式碼用來關閉自己身上的導航器，以免角色死亡之後還會跟著主角到處亂跑。

　　第 33 行程式碼用來關閉自己這支程式，以避免反覆執行一些不必要的動作。

　　測試遊戲，只要被主角擊中兩次就會倒地死亡。然而【敵人】如果攻擊主角到一半而死亡，卻會一直在【死亡】以及【攻擊】動畫之間反覆切換，此種狀況有各種解決方案，本書建議可以修改動畫控制器設定來解決。修改【敵人動畫控制器】，然後修改 [Any State] 指向【被擊中動畫】的狀態過渡條件，新增【死亡】為 false 的 Conditions：

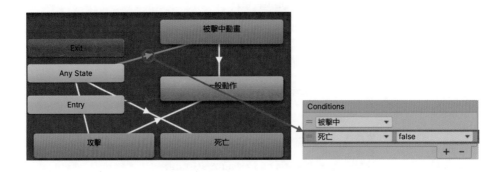

以上的意思是，【被擊中】觸發且【死亡】為 false 才會進入【被擊中動畫】狀態。

同理，修改 [Any State] 指向【攻擊】的狀態過渡條件，新增【死亡】為 false 的 Conditions：

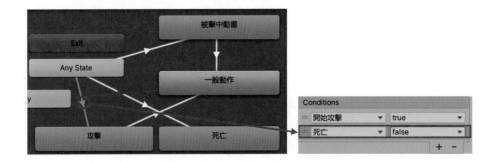

以上動畫控制器請參見 [Assets/ 第九章 / 敵人動畫控制器 2]。

做完以上修改之後測試遊戲，【敵人】被擊斃之後會完整播放死亡動畫然後倒在地上。

角色死亡之後通常隔一段時間就應該要自動消失，我們設定敵人死亡後三秒消失。修改【敵人控制】程式（參見 [Assets/ 第九章 / 敵人控制 8.cs]）：

```
27    IEnumerator 清除角色()
28    {
29        yield return new WaitForSeconds(3);
30        Destroy(gameObject);
31    }
      ⊕ Unity Message | 0 個參考
32    void Update()
33    {
34        if (血量資訊.血量 <= 0)
35        {
36            動畫控制器.SetBool("死亡", true);
37            導航器.enabled = false;
38            this.enabled = false;
39            StartCoroutine("清除角色");
40        }
```

　　第 27 行宣告一個名為清除角色的協同處理程式，它在第 29 行時暫停 3 秒鐘，然後在第 30 行將自己所屬的遊戲物件（也就是【敵人】）由記憶體當中清除，於是【敵人】將會消失不見。

　　第 39 行程式碼則是在處理完死亡動作之後，呼叫清除角色協同處理程式。

　　測試遊戲，現在敵人被擊斃後三秒鐘將會自動消失。

9.9 程式碼拆解

　　依據結構化程式設計的原則，當程式碼過於龐大時，我們應該將它切割成子功能區塊，以利維持程式碼的簡潔美觀，並且減少錯誤。現在許多程式碼已經相當複雜，有必要進行適當整理，讓它看起來更加簡潔且易於維護。

　　首先看一下【敵人控制】的 Update() 方法：

```
32      void Update()
33      {
34          if (血量資訊.血量 <= 0)
35          {
36              動畫控制器.SetBool("死亡", true);
37              導航器.enabled = false;
38              this.enabled = false;
39              StartCoroutine("清除角色");
40          }
41          float 距離 = Vector3.Distance(追蹤目
                標.transform.position, transform.position);
42          if (距離 > 導航器.stoppingDistance && !動畫控制
                器.GetCurrentAnimatorStateInfo(0).IsName("被擊中動
                畫"))
43              導航器.SetDestination(追蹤目標.transform.position);
44          else
45              導航器.velocity = Vector3.zero;
46          float 速度 = 導航器.velocity.magnitude;
47          Vector3 旋轉方向 = Quaternion.Inverse
                (transform.rotation) * 導航器.desiredVelocity;
48          float 方向 = Mathf.Atan2(旋轉方向.x, 旋轉方向.z) /
                Mathf.PI;
49          導航器.acceleration = Mathf.Min(距離, 最大加速度);
50          動畫控制器.SetFloat("速度", 速度 * 2 / 導航器.speed);
51          動畫控制器.SetFloat("方向", 方向);
52          if (距離 <= 攻擊距離)
53          {
54              transform.LookAt(追蹤目標.transform);
55              動畫控制器.SetBool("開始攻擊", true);
56              BroadcastMessage("攻擊開始");
57          }
58          else
59          {
60              動畫控制器.SetBool("開始攻擊", false);
61              BroadcastMessage("攻擊結束");
62          }
63      }
```

　　以上程式碼大致分為三個區塊，第一塊是 34～40 行，用來處理角色死亡。第二塊是 41~51 行，用來處理導航以追擊主角。第三塊則是 52～62 行，用來處理攻擊。現在將三大功能拆解成三個方法，分別叫做 死亡處理 ()、導航 ()、以及 攻擊 ()。修改完畢後的程式碼如下（參見 [Assets/ 第九章 / 敵人控制 9.cs]）：

```
1    ⊞using ...
        ⊕Unity 指令碼 (1 個資產參考) | 0 個參考
5    ⊟public class 敵人控制 : MonoBehaviour
6    {
7        public GameObject 追蹤目標;
8        NavMeshAgent 導航器;
9        Animator 動畫控制器;
10       public float 最大加速度 = 5f;
11       float 攻擊距離;
12       血量控制 血量資訊;
13       float 距離;
            ⊕Unity Message | 0 個參考
14   ⊞    private void OnCollisionEnter(Collision 碰撞資訊) ...
            ⊕Unity Message | 0 個參考
21   ⊞    void Start() ...
            0 個參考
28   ⊞    IEnumerator 清除角色() ...
```

　　由於【距離】在導航 () 與攻擊 () 的程式碼都需要使用到，所以先行在第 13 行宣告私有浮點變數【距離】以供全部程式使用。

```
14   ⊞    private void OnCollisionEnter(Collision 碰撞資訊) ...
            ⊕Unity Message | 0 個參考
21   ⊞    void Start() ...
            0 個參考
28   ⊞    IEnumerator 清除角色() ...
            ⊕Unity Message | 0 個參考
33   ⊟    void Update()
34       {
35           距離 = Vector3.Distance(追蹤目標.transform.position,  ↩
                 transform.position);
36           死亡處理();
37           導航();
38           攻擊();
39       }
```

　　修改後的方法非常單純，先在第 35 行計算【距離】，由於【距離】是類別變數，在此處設定之後其餘程式都可以讀取到最新的距離值。

　　然後在 36、37、38 行程式碼呼叫死亡處理 ()、導航 ()、以及 攻擊 () 等三個方法，以執行原本設定的功能。第 40～49 行宣告 死亡處理 () 方法，程式碼由原始程式拷貝而來：

```
40        void 死亡處理()
41        {
42            if (血量資訊.血量 <= 0)
43            {
44                動畫控制器.SetBool("死亡", true);
45                導航器.enabled = false;
46                this.enabled = false;
47                StartCoroutine("清除角色");
48            }
49        }
```

第 50～62 行宣告 導航 () 方法，請注意第 52、59 行使用到的【距離】變數為第 35 行計算而來：

```
50        void 導航()
51        {
52            if (距離 > 導航器.stoppingDistance && !動畫控制
                 器.GetCurrentAnimatorStateInfo(0).IsName("被擊中動
                 畫"))
53                導航器.SetDestination(追蹤目標.transform.position);
54            else
55                導航器.velocity = Vector3.zero;
56            float 速度 = 導航器.velocity.magnitude;
57            Vector3 旋轉方向 = Quaternion.Inverse
                 (transform.rotation) * 導航器.desiredVelocity;
58            float 方向 = Mathf.Atan2(旋轉方向.x, 旋轉方向.z) /
                 Mathf.PI;
59            導航器.acceleration = Mathf.Min(距離, 最大加速度);
60            動畫控制器.SetFloat("速度", 速度 * 2 / 導航器.speed);
61            動畫控制器.SetFloat("方向", 方向);
62        }
```

第 63～76 行宣告 攻擊 () 方法，程式碼亦由原始程式拷貝而來：

```
63        void 攻擊()
64        {
65            if (距離 <= 攻擊距離)
66            {
67                transform.LookAt(追蹤目標.transform);
68                動畫控制器.SetBool("開始攻擊", true);
69                BroadcastMessage("攻擊開始");
70            }
71            else
72            {
73                動畫控制器.SetBool("開始攻擊", false);
74                BroadcastMessage("攻擊結束");
75            }
76        }
```

經過以上處理之後，程式閱讀變得更為簡潔明瞭，未來要做程式修改也會更加方便。

改變程式碼之後，一定要進行測試，現在【敵人】功能應該要和未修改前一致。

9.10 自動巡邏

先將【主角】以及【敵人】分開放遠一點，本節將爲【敵人】加入自動巡邏功能。規劃巡邏規則如下：1. 如果自己離目標超過【攻擊範圍】則往任意巡邏點方向移動；2. 任意巡邏點是遊戲開始時自己【原始位置】爲中心點，以正負【巡邏範圍】圍成的區域內，任選一個位置做爲巡邏移動方向；3. 往新的方向移動後，每 5 秒強制改變新的巡邏方向點，以免角色卡在特定地點而不會移動。

修改【敵人控制】程式碼（參見 [Assets/ 第九章 / 敵人控制 10.cs]），由於程式碼太長，故分段說明：

```
■↑    5   ⊟public class 敵人控制 : MonoBehaviour
      6    {
      7        public GameObject 追蹤目標;
      8        NavMeshAgent 導航器;
      9        Animator 動畫控制器;
     10        public float 最大加速度 = 5f;
     11        float 攻擊距離;
     12        血量控制 血量資訊;
     13        float 距離;
     14        public float 巡邏範圍 = 15;
     15        float 巡邏開始時間, 原始導航速度;
     16        Vector3 原始位置, 目標巡邏位置;
```

第 14 行程式碼宣告浮點型態的【巡邏範圍】預設值是 15，這個浮點變數可以在檢查器窗格內修改，以方便進行場景設計。

第 15 行程式碼宣告浮點型態的【巡邏開始時間】，用來存放每次巡邏開始的時間點，以便計算何時超過 5 秒。【原始導航速度】用來存放原本導航網格代理設定的導航速度，以便到時我們可以用低速巡邏高速追擊目標。

第 16 行宣告三維向量（Vector3）型態的【原始位置】用來存放遊戲一開始時的角色位置，我們打算以一開始放置角色的位置做爲巡邏的中心點。【目標巡邏位置】用來存放現在巡邏要走到的目標位置，我們會不斷隨機改變這個位置，以改變巡邏的路線。

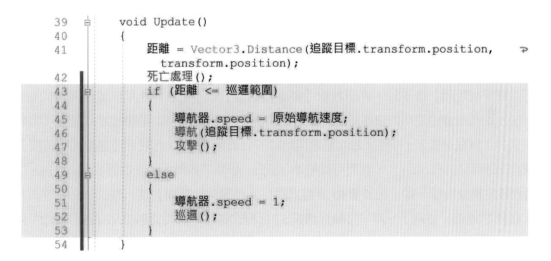

```
24        void Start()
25        {
26            導航器 = GetComponent<NavMeshAgent>();
27            動畫控制器 = GetComponent<Animator>();
28            攻擊距離 = 導航器.stoppingDistance;
29            血量資訊 = GetComponent<血量控制>();
30            原始位置 = transform.position;
31            巡邏開始時間 = Time.time;
32            原始導航速度 = 導航器.speed;
33        }
```

　　第 24～33 行之間的程式碼屬於 Start() 方法宣告範圍，裡面的程式碼只會在遊戲開始時執行一次，做為每個程式元件的初始化之用。

　　第 30 行設定【原始位置】是遊戲一開始時自己的位置，也就是場景設計時被擺放的位置。

　　第 31 行設定初始的【巡邏開始時間】是遊戲開始執行的時間。Time.time 是 Unity 系統設定的公用變數，裡面的值是遊戲一開始到現在為止的時間，它會不斷增加下去。

　　第 32 行【原始導航速度】用來存放遊戲開始時，導航網格代理被設定的最高速度，未來將用它來回復導航速度之用。

```
39        void Update()
40        {
41            距離 = Vector3.Distance(追蹤目標.transform.position,     ⤶
                  transform.position);
42            死亡處理();
43            if (距離 <= 巡邏範圍)
44            {
45                導航器.speed = 原始導航速度;
46                導航(追蹤目標.transform.position);
47                攻擊();
48            }
49            else
50            {
51                導航器.speed = 1;
52                巡邏();
53            }
54        }
```

　　第 43 行程式碼用來判斷目標物距離是否小於等於【巡邏範圍】，如果是的話，代表自己離目標物已進入巡邏範圍於是執行 44～48 之間的程式碼進行追擊，否則就執行 50 到 53 行之間的程式碼來進行巡邏動作。第 45 行程式碼要和 51 行一起看，如果執行巡邏任務的話，我們在 51 行設定導航網格代理的速度為 1，也就是慢速移動。第 45 行則是進入追擊狀態時，我們要讓導航網格代理的速度恢復原本在設計場景時所給予的速度，以便能夠提高速度進行追擊。

　　第 46 行程式碼執行我們寫的 導航（導航目標位置）方法，此處我們將追蹤目標的位置傳給導航方法，要求導航到這個位置去。

第 35 行呼叫 攻擊 () 方法以判斷是否要進行攻擊。

第 50 到 53 行之間的程式碼來進行巡邏動作，其中第 51 行指定導航網格代理的速度為 1（我們原本使用 3.5 的速度），以使用低速巡邏。第 52 行呼叫 巡邏 () 方法以執行巡邏動作。

```
55      void 巡邏 ()
56      {
57          if (動畫控制器.GetFloat("速度") == 0 || (Time.time > 巡
                邏開始時間 + 5))
58          {
59              float 位置x = 原始位置.x + Random.Range(-巡邏範圍, 巡
                    邏範圍);
60              float 位置y = 原始位置.y;
61              float 位置z = 原始位置.z + Random.Range(-巡邏範圍, 巡
                    邏範圍);
62              目標巡邏位置 = new Vector3(位置x, 位置y, 位置z);
63              巡邏開始時間 = Time.time;
64          }
65          導航(目標巡邏位置);
66      }
```

第 55 行到 66 行之間是我們宣告的 巡邏 () 方法。

第 57 行判斷動畫控制器裡面的【速度】參數是否等於 0 或者目前的時間（Time.time）大於【巡邏開始時間】後 5 秒。亦即判斷【動畫控制器】是不是在停止狀態或巡邏時間超過 5 秒。在 if( ) 命令當中使用的邏輯或條件要用兩根直線 || 表示，直線 | 在鍵盤的位置與 \ 相同，按下 Shift-\ 鍵就會顯示 | 符號。每次巡邏開始時，我們都會在 63 行設定【巡邏開始時間】為遊戲進行時間（Time.time），我們可以把 Time.time 想像成時鐘，每一次讀取 Time.time 就好像讀到幾點幾分幾秒一樣。例如第 63 行程式設定【巡邏開始時間】為一點二十三分四十五秒 1:23:45 開始巡邏。巡邏了一陣子又執行到第 57 行程式碼時，假設此刻 Time.time 是 1:23:51，於是 Time.time 大於 1:23:45 + 5 秒 (1:23:50)，那麼就符合重新巡邏的條件了（以上 時 : 分 : 秒做為說明例子之用，實際上 Time.time 是浮點數值）。

第 59 行程式碼宣告一個浮點數【位置 x】，它的值是【原始位置】的 x 值加上由負【巡邏範圍】到正【巡邏範圍】間的亂數值。Random.Range（最小值, 最大值）這個方法會傳回一個介於最小值和最大值之間的浮點數型態亂數。第 60 行宣告浮點數【位置 y】，它的值是原始位置的 y 值，由於 y 軸是高度所以不需要改變，用原本的高度值就好。第 61 行宣告浮點數【位置 z】，它的值是【原始位置】的 z 值加上由【巡邏範圍】到正【巡邏範圍】間的亂數值。第 62 行設定【目標巡邏位置】物件，new Vector3(x, y, z) 會建立一個以 (x, y, z) 為座標值的三維座標值，而 new 關鍵字的意思則是配置記憶體（這是標準的產生物件的方式），而且

用 Vector3(x, y, z) 給它三個軸的值。執行 59～62 行程式碼後，【目標巡邏位置】就變成了以【原始位置】爲中心半徑爲【巡邏範圍】的亂數值了。

　　目標巡邏位置決定好了之後，接下來就要開始巡邏，於是在第 63 行設定【巡邏開始時間】是現在時間 Time.time。

　　第 65 行呼叫 導航（目標巡邏位置）以便叫角色移動到【目標巡邏位置】去。

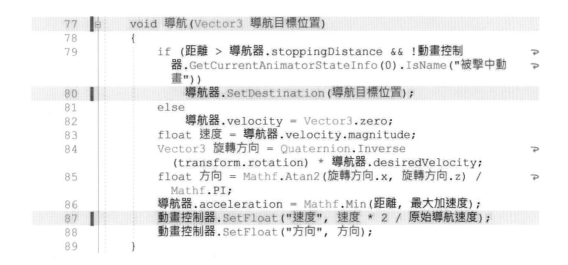

```
77        void 導航(Vector3 導航目標位置)
78        {
79            if (距離 > 導航器.stoppingDistance && !動畫控制
                  器.GetCurrentAnimatorStateInfo(0).IsName("被擊中動
                  畫"))
80                導航器.SetDestination(導航目標位置);
81            else
82                導航器.velocity = Vector3.zero;
83            float 速度 = 導航器.velocity.magnitude;
84            Vector3 旋轉方向 = Quaternion.Inverse
                  (transform.rotation) * 導航器.desiredVelocity;
85            float 方向 = Mathf.Atan2(旋轉方向.x, 旋轉方向.z) /
                  Mathf.PI;
86            導航器.acceleration = Mathf.Min(距離, 最大加速度);
87            動畫控制器.SetFloat("速度", 速度 * 2 / 原始導航速度);
88            動畫控制器.SetFloat("方向", 方向);
89        }
```

　　導航 () 方法也做了修改，以便讓角色在追擊和巡邏時可以共用相同方法移動角色。

　　第 77 行重新宣告 導航 () 方法爲 導航（導航目標位置）。Vector3 導航目標位置 指定【導航目標位置】是三維座標類別的物件參數。

　　第 80 行修改原本的 追蹤目標 .transform.position 爲【導航目標位置】。由於我們原本的導航目標只有【追蹤目標】而已，後來改爲【追蹤目標】或【目標巡邏位置】，於是要將導航的目的地部份用【導航目標位置】取代。

　　測試遊戲，【敵人】會自動巡邏，而且當【主角】接近時也會追上去攻擊。

第十章　　角色死亡處理與最後修飾

10.1　處理主角死亡動畫

　　比照【敵人動畫控制器】相同方式實作【主角】死亡動畫。首先在專案窗格點選【主角動畫控制器】，在動畫器窗格的 [Parameters] 內新增 Bool 型態【死亡】變數，然後新增【死亡】狀態，並且將 [Motion] 指定為 [Dying]：

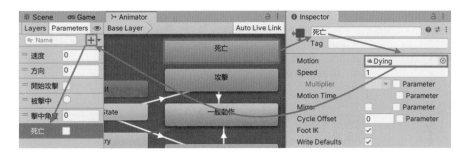

　　建立 [Any State] 指向【死亡】的狀態過渡，然後設定 [Conditions] 條件是【死亡】等於 true，並且勾銷 [Can Transition To Self]，注意 [Has Exit Time] 不應被核取：

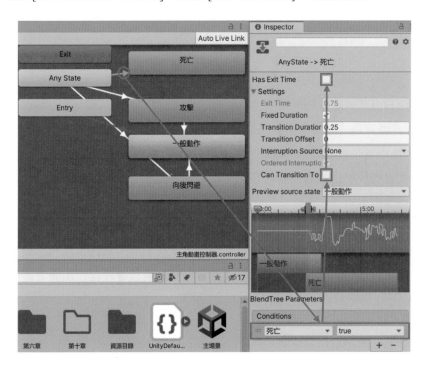

修改 [Any State] 指向 [攻擊] 的狀態過渡條件，新增 [Conditions] 已死亡為 false：

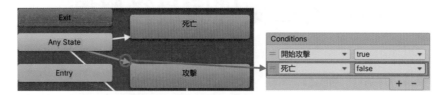

以上設定之後，必須【開始攻擊】為 true 且【死亡】為 false 才能進入【攻擊】狀態。

修改【主角控制】以便加入死亡判斷（參見 [Assets/ 第十章 / 主角控制 16.cs]）

```
5    public class 主角控制 : MonoBehaviour
6    {
7        Animator 動畫控制器;
8        public GameObject 攻擊特效, 特效位置, 攻擊氣功彈;
9        GameObject 播放中特效;
10       public AudioClip 攻擊音效;
11       血量控制 血量資訊;
         Unity Message|0 個參考
12       void Start()
13       {
14           動畫控制器 = GetComponent<Animator>();
15           血量資訊 = GetComponent<血量控制>();
16       }
         Unity Message|0 個參考
17       void Update()
18       {
19           if (血量資訊.血量 <= 0)
20           {
21               動畫控制器.SetBool("死亡", true);
22               this.enabled = false;
23           }
24           float 上下鍵 = Input.GetAxis("Vertical");
```

主角死亡控制方式與敵人相同。

第 11 行程式碼宣告【血量資訊】為血量控制物件。

第 19 行判斷血量是否小於 0，如果小於 0 則執行第 21 行設定動畫控制器的【死亡】參數為 true，於是就會播放死亡動畫。接著在第 22 行程式碼設定自己這支程式為除能，於是可以避免死亡後持續操控主角。

播放遊戲，當【主角】被【敵人】擊中數次後會倒地死亡。讀者若是仔細觀察，會發現有時【敵人】出拳收回之際依舊會擊中主角，導致發生重複扣血的狀況，我們必須加以排除。

首先修改【血量控制】程式，因為本程式負責扣血，應該要設定在扣血之後就讓本次攻擊結束（參見 [Assets/ 第十章 / 血量控制 3.cs]）：

```
1    using ...
4
          Unity 指令碼 (3 個資產參考)|14 個參考
5    public class 血量控制 : MonoBehaviour
6    {
7        public float 血量 = 100;
8        public 角色種類 有害角色;
              Unity Message|0 個參考
9        private void OnCollisionEnter(Collision 撞擊資訊) ...
              Unity Message|0 個參考
13       private void OnTriggerEnter(Collider 碰撞器) ...
          2 個參考
17       void 扣血(傷害輸出 傷害資訊)
18       {
19           if (傷害資訊 != null && 傷害資訊.角色 == 有害角色 && 傷害資
                 訊.攻擊中)
20           {
21               血量 -= 傷害資訊.傷害值;
22               傷害資訊.攻擊結束();
23           }
24       }
25   }
```

　　第 22 行程式碼要求擊中自己的遊戲物件執行 攻擊結束 ()。由於我們在發動攻擊的物件上面加載傷害輸出物件，而該物件則利用 攻擊開始 () 與 攻擊結束 () 來開始 / 結束攻擊。由於 傷害資訊 是擊中我們的物件身上的傷害輸出物件，因此直接呼叫它的 攻擊結束 () 以結束攻擊。

　　除了【血量控制】需要修改之外，【敵人控制】也需要修改。原本【敵人控制】只要雙方距離夠近就會一直設定進行攻擊，所以就算設定扣血之後要結束攻擊也沒用，因為敵人控制程式依舊不斷的要求要攻擊。所以我們就讓【敵人控制】判斷自己是不是正在播放【攻擊】動畫，如果已經播放了就不要再設定攻擊了，如果沒有播放【攻擊】動畫又符合攻擊條件的話，才要設定攻擊。修改【敵人控制】程式碼如下：

```
39       void Update()
40       {
41           距離 = Vector3.Distance(追蹤目標.transform.position,
                 transform.position);
42           死亡處理();
43           if (距離 <= 巡邏範圍)
44           {
45               導航器.speed = 原始導航速度;
46               導航(追蹤目標.transform.position);
47               if (!動畫控制器.GetCurrentAnimatorStateInfo
                     (0).IsName("攻擊"))
48                   攻擊();
49           }
50           else
51           {
52               導航器.speed = 1;
53               巡邏();
54           }
55       }
```

原本程式碼直接執行第 48 行 攻擊 ()，現在改成先判斷是否正在播放【攻擊】動畫，如果沒在播放【攻擊】動畫才要執行 攻擊 ()。動畫控制器 .GetCurrentAnimatorStateInfo(0) 用來取得現在正在播放的動畫狀態資訊，而 .IsName(" 攻擊 ") 則用來判斷其名稱是否為 " 攻擊 "。

! 動畫控制器 .GetCurrentAnimatorStateInfo(0).IsName(" 攻擊 ") 的意思就相當於 現在播放的動畫狀態名稱不是 " 攻擊 "。GetCurrentAnimatorStateInfo(0) 當中的 0 代表 BaseLayer 的意思。

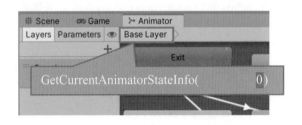

現在再測試程式，主角不會被重複扣血了。

10.2 建立主角血條

第三人稱動作遊戲經常可以看到角色頭頂上方出現血條，用來判別 HP 值（Health Point, 健康點數）。建立血條的方式有很多種，本節以 Unity 內建矩形來製作簡易主角血條。

在階層窗格點選【主角】，然後按下滑鼠右鍵，接著加入 3D Object 的 Cube（矩形），並且命名為【血條】：

點選【血條】並改變大小以及旋轉角度，設定 Position (X, Y, Z) 值為 (0, 2, 0)，代表血條位於主角原點上方 2 公尺處，Rotation (X, Y, Z) 值為 (0, 0, 0)，設定 Scale (X, Y, Z) 值為 (2, 0.1, 0.01) 以做出扁長條形。

　　新增材質 (Material) 以設定【血條】顏色。點選專案窗格底下的 Assets 目錄，然後在 Assets 目錄空白處按下滑鼠右鍵，接著選擇 [Create] → [Material] (或者點選主選單 [Assets] → [Create] → [Material])：

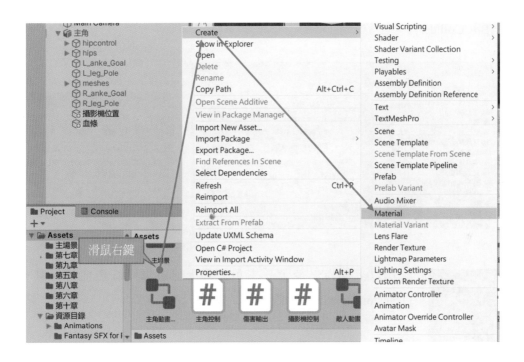

將材質命名為【主角血條】，然後點選檢視窗的 [Shader] 項目，選擇 [Unlit] → [Color]：

材質在檢查器窗格裡面的著色器 [Shader] 項目可以改變材質的著色方式，此處我們使用未打光的 [Unlit] 類型的單色 [Color] 著色方式。接著再點選 [Main Color] 以改變顏色。

　　設定【主角】的【血條】材質為【主角血條】。在檢查器窗格點選【血條】，接著將 Assets 目錄底下的【主角血條】拖曳至檢查器窗格的 [Mesh Renderer] → [Materials] → [Element0]。由於我們不使用【血條】的碰撞功能故移除 [Box Collider]，以避免遊戲運行中被其他物體碰到時發生干擾。點選 [Box Collider] 右側的 ⋮ 符號然後選擇 [Remove Component] 以移除 [Box Collider]：

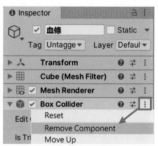

經過以上操作之後，【主角】頭上已經顯示紅色血條，其長度由 [Transform] → [Scale] 的 X 值所控制。

10.3　連結扣血與血條

本節將利用程式碼來處理扣血動作，並且同步顯示血條的長度。在階層窗格點選【血條】後，到檢查器窗格 [Add Component] → [New script] 為血條建立【血條控制】程式。

修改【血條控制】程式碼如下（參見 [Assets/ 第十章 / 血條控制 1.cs]）：

```
 1    using ...
 4
      ✿Unity 指令碼 | 0 個參考
 5    public class 血條控制 : MonoBehaviour
 6    {
 7        float 原始血量, 原始長度;
 8        public 血量控制 血量資訊;
      ✿Unity Message | 0 個參考
 9        void Start()
10        {
11            原始血量 = 血量資訊.血量;
12            原始長度 = transform.localScale.x;
13        }
      ✿Unity Message | 0 個參考
14        void Update()
15        {
16            float 長度 = 原始長度 * 血量資訊.血量 / 原始血量;
17            transform.localScale = new Vector3(長度,
                 transform.localScale.y, transform.localScale.z);
18            transform.LookAt(Camera.main.transform);
19            if (長度 <= 0)
20                Destroy(gameObject);
21        }
22    }
```

第 7 行定宣告【原始血量】與【原始長度】兩個浮點數型態的資訊成員。

第 8 行宣告名為【血量資訊】的公有血量控制類別物件。

第 11 行設定【原始血量】是血量資訊的血量欄位值，也就是主角血量控制的血量值。

第 12 行程式碼取得自己的 x 軸縮放大小，並存放到【原始長度】去。

第 14～21 行程式碼會在每次畫面更新時執行。第 16 行程式碼宣告【長度】是 原始長度 * 目前血量 / 原始血量。

第 17 行設定自己的 x 軸縮放大小爲【長度】，也就是 [Transform] → [Scale] 的 X 值。由於 transform.localScale 必須是三維向量值，所以使用 new Vector3(x, y, z) 的格式填入。其中只有 x 值需要改變，其他都使用原有的值。

第 18 行使用 transform.LookAt（位置）讓自己永遠面向某個位置，我們在每一格畫面播放時，都讓血條面對現在正在作用中的攝影機（Camera.main）的位置（Camera.main.transform），於是不論角色怎麼動，血條都會正對攝影機了。

第 19 行判斷長度是否小於 0，如果小於 0 就在第 20 行將血條由記憶體當中清除。

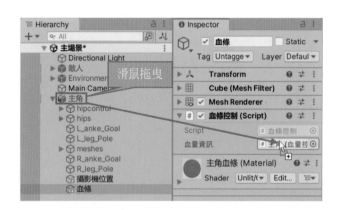

在階層窗格點選【血條】之後，將【主角】拖曳至 [血量資訊] 欄位，於是【血條控制】程式裡面的【血量資訊】就會是【主角】裡面的【血量資訊】了。

測試遊戲，主角的血條應該會隨著被攻擊而減少，死亡時血條將直接消失。

10.4 製作敵人血條

爲【敵人】加上血條，其做法與製作主角血條雷同，本節內容主要在讓讀者練習複製 (Duplicate) 功能的應用。在階層窗格選擇主角的【血條】後按下滑鼠右鍵做 [Duplicate] 動作，以便將血條複製一份，於是【主角】子物件最下方會出現【血條 (1)】。接著將【血條 (1)】用滑鼠拖曳到【敵人】處放開，於是主角的血條 (1) 就會變成敵人的血條 (1) 子物件了：

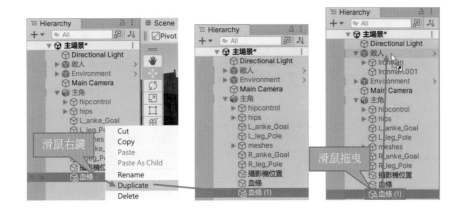

接著將血條 (1) 改名為血條。

經過以上簡單的操作，我們可以快速地複製子物件，並且利用拖曳的方式讓它變成別人的子物件。

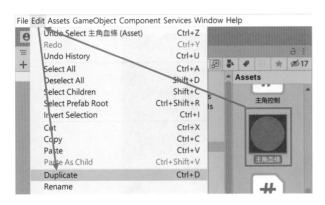

複製【主角血條】材質。首先點選 Assets 目錄底下的【主角血條】，然後到 [Edit] 選單底下點選 [Duplicate]：

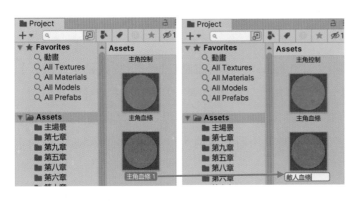

複製後的材質名叫【主角血條 1】，將它修改名稱為【敵人血條】，然後修改顏色：

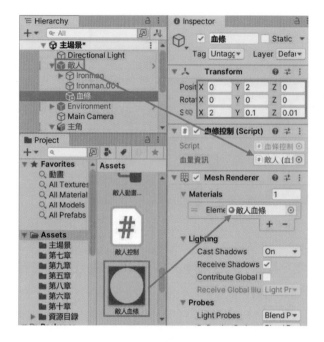

到【敵人】物件內點選【血條】，然後改變它的位置與大小，並且將【敵人血條】材質拖曳到 [Mesh Renderer] → [Materials] → [Element 0] 去，然後將【敵人】拖曳到 [血量資訊] 欄位放下，以便連結【血量資訊】與敵人的【血量控制】。

測試遊戲，現在大家都有血條了：

　　讀者應該可以注意到，我們只是幫敵人加上血條，沒有改動任何一行程式碼，【敵人】的血條就可以自動運作，包含扣血會變短，這是因為【敵人】與【主角】都共用【血量控制】程式碼來做扣血動作的結果。在設計程式時，讓多個角色能夠共用程式，可以增進程式開發效率，但在設計程式的同時，也要預想多物件同時使用時的情境，以及可能引發問題的解決方案。

10.5　為主角加入被擊中效果

為【主角】加上被擊中效果，我們直接將【敵人動畫控制器】資料拷貝到【主角動畫控制器】即可。首先編輯【敵人動畫控制器】，然後滑鼠右鍵點選【被擊中動畫】之後，選擇 [Copy]。

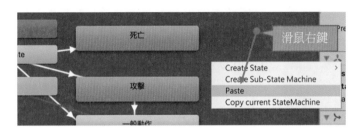

接著編輯【主角動畫控制器】，在空白處按下滑鼠右鍵後，點選 [Paste] 以貼上剛才複製的【被擊中動畫】：

貼上完畢後將會發現【被擊中動畫】動畫出現在編輯器之內，而且系統自動幫我們加入【擊中角度】與【被擊中】參數，以及【被擊中動畫】指向【一般動作】的狀態過渡：

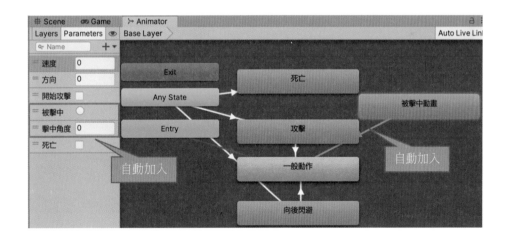

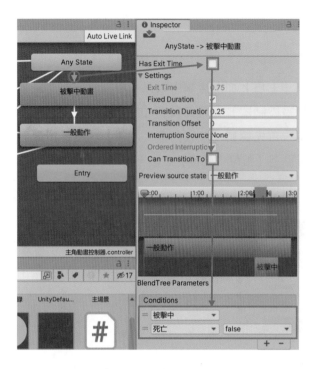

建立 [Any State] 指向【被擊中動畫】的狀態過渡，勾銷 [Has Exit Time] 以便被擊中立即播放動畫，勾銷 [Can Transition To Self] 以避免自己觸發自己，最後設定 [Conditions] 為【被擊中】（意思是使用被擊中來觸發）以及【死亡】為 false，也就是角色未死亡才能進入【被擊中動畫】狀態。

至於【被擊中動畫】指向【一般動作】的狀態過渡，只需檢查它有勾選 [Has Exit Time] 以及未設定 [Conditions] 即可。

修改【主角控制】程式碼（參見 [Assets/ 第十章 / 主角控制 17.cs]）：

```
 5   public class 主角控制 : MonoBehaviour
 6   {
 7       Animator 動畫控制器;
 8       public GameObject 攻擊特效, 特效位置, 攻擊氣功彈;
 9       GameObject 播放中特效;
10       public AudioClip 攻擊音效;
11       血量控制 血量資訊;
          Unity Message|0 個參考
12       private void OnTriggerEnter(Collider 碰撞器)
13       {
14           Vector3 相對撞擊位置 = 碰撞器.bounds.ClosestPoint
               (transform.position) - transform.position;
15           float 相對撞擊角度 = Mathf.Atan2(相對撞擊位置.x, 相對撞擊位置.z) / Mathf.PI * 180;
16           動畫控制器.SetTrigger("被擊中");
17           動畫控制器.SetFloat("擊中角度", 相對撞擊角度);
18       }
```

　　【主角】被擊中動畫的處理方式與【敵人】大部份相同，僅在於取得撞擊位置的方式略有不同。由於敵人是被氣功彈所擊中，而氣功彈使用碰撞器（未核取 [Is Trigger]），所以需要使用 OnCollisionEnter() 方法來偵測碰撞。然而主角則是被敵人拳頭上面的碰撞器所觸發（有核取 [Is Trigger]），所以必須使用 OnTriggerEnter() 方法來偵測碰撞器穿越。由於 OnTriggerEnter() 方法傳遞的是碰撞器（Collider）類型參數，因此無法直接取得穿越接觸點，只能採用間接方法計算。

第 12～18 行宣告 OnTriggerEnter() 方法，並設定它的參數名稱爲【碰撞器】。

第 14 行將撞到自己的【碰撞器】上面取得與自己座標最接近的位置，再減去自己的座標位置，以得到【相對撞擊位置】。Collider.bounds 是碰撞器的殼子範圍，Collider.bounds. ClosestPoint（位置）則用來取得碰撞器殼子與特定位置最接近的座標值。

第 15 行至第 17 行之間的處理方式與【敵人控制】當中處理被擊中的方式完全相同。

測試遊戲，主角已經能夠播放被擊中的動畫。

10.6　爲角色增加回血功能

爲角色增加回血功能，設定讓編輯場景時可以決定每秒回血多少點。修改【血量控制】程式（參見 [Assets/ 第十章 / 血量控制 4.cs]）：

```
 5    public class 血量控制 : MonoBehaviour
 6    {
 7        public float 血量 = 100, 每秒回血量 = 1;
 8        public 角色種類 有害角色;
 9        float 最初血量;
         Unity Message | 0 個參考
10       private void Start()
11       {
12           最初血量 = 血量;
13           StartCoroutine("回血");
14       }
         0 個參考
15       IEnumerator 回血()
16       {
17           while (血量 > 0)
18           {
19               血量 = Mathf.Min(血量 + 1, 最初血量);
20               yield return new WaitForSeconds(1);
21           }
22       }
```

第 7 行宣告公有浮點數【每秒回血量】做爲角色每秒回血量，除了讓程式設計者可以在編輯器修改之外，未來要是有被加狀態或使用寶物時，可以由程式來增減這個值。第 9 行宣告私有浮點數【最初血量】，預設每秒回血 1 點，同樣也可以用程式去更改它。

第 12 行在遊戲開始時執行，我們設定【最初血量】爲【血量】以保證遊戲開始時兩者的值是一致的。

第 13 行呼叫協作程序 回血 ()，用來每秒執行回血動作一次。

第 15～22 行宣告 回血 () 協同處理程式。第 17 行判斷是否【血量】大於 0，若大於 0 則代表角色還活著，於是反覆執行 18～21 行之間的程式碼。第 19 行【血量】由 Mathf.Min(A, B) 來傳回 (A, B) 兩個數值間最低的值。於是如果【血量】加上【每秒回血量】大於總血量的話，還是只能得到【總血量】的大小。

第 20 行讓 回血 () 協作程序等待 1 秒。等待 1 秒鐘之後，又會回到第 17 行執行 while 迴圈判斷血量是否大於 0，若成立則再度執行 18~21 行之間的程式碼，反覆執行直到 while（血量 > 0）不成立（代表角色死亡）爲止。

播放遊戲，全部角色在受傷後將每秒回血【每秒回血量】所設定的值，讀者可自行調整各角色每秒回血量以及血量的高低，以符合遊戲需要。

10.7　建立可以反覆使用的 Prefab 預製件

角色建置完成之後，我們可以將它儲存爲預製件（prefab），以供未來反覆使用。假設【敵人】角色已經建置完成且未來會反覆使用，此時可以利用滑鼠拖曳方式，將【敵人】由階層窗格拖曳到適當目錄存放。系統會詢問你是要怎麼存放這個 prefab，我們選擇 [Original Prefab]：

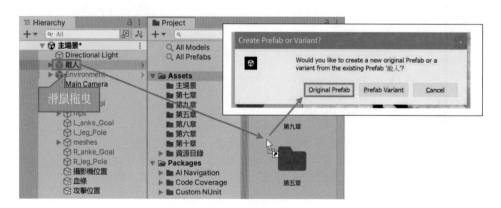

選擇 [Original Prefab] 可以將它變成原始預製件，未來可以再利用這個預製件做出衍生預製件 (prefab variant)。所謂衍生預製件的意思就是由原始預製件做出修改而來的預製件，如果你修改了原始預製件的話，衍生預製件也會跟著修改，但是衍生預製件與原始預製件不同之處依舊會保留。此處我們將敵人做成原始預製件即可。

做完以上操作之後，【敵人】預製件將出現在專案窗格：

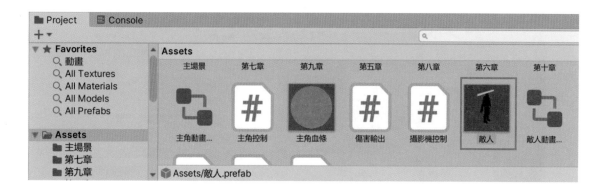

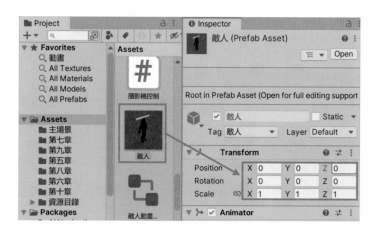

製作完預製件之後，請先在專案窗格點選【敵人】，然後到檢查器窗格裡面，將 [Transform] 各項數值歸零。

接著就可以將【敵人】預製件用滑鼠拖曳到場景裡面，調整位置以及方向，快速製作更多敵人。請記得要將【主角】拖曳至 [敵人控制 (Script)] 底下的 [追蹤目標]，以便自動攻擊【主角】，此外要記得手動將 [Transform] 的 [Position] 的 Y 值設爲 0 以貼齊地面：

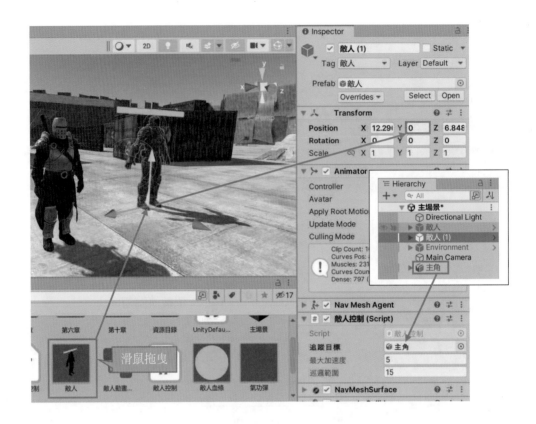

在場景內加入適量敵人之後，應要立即測試遊戲，觀察是否能夠正常運作。

使用預製件就是為了要省事，然而每次拖曳預製件到場景時，都要重新設定【追蹤目標】為【主角】，實在不很方便，現在要修改程式讓使用預製件時變得更加簡易。回想一下【主角】已經被我們指定過標籤，如左圖所示。

我們可以修改【敵人控制】，利用「主角」標籤來自動設定追蹤目標：

```
◉↑   5   ⊟public class 敵人控制 : MonoBehaviour
     6    {
     7  |     GameObject 追蹤目標;
     8        NavMeshAgent 導航器;
     9        Animator 動畫控制器;
    10        public float 最大加速度 = 5f;
    11        float 攻擊距離;
    12        血量控制 血量資訊;
    13        float 距離;
    14        public float 巡邏範圍 = 15;
    15        float 巡邏開始時間, 原始導航速度;
    16        Vector3 原始位置, 目標巡邏位置;
            ⊕ Unity Message|0 個參考
    17  ⊞     private void OnCollisionEnter(Collision 碰撞資訊)...
            ⊕ Unity Message|0 個參考
    24  ⊟     void Start()
    25        {
    26  |         追蹤目標 = GameObject.FindGameObjectWithTag("主角");
    27            導航器 = GetComponent<NavMeshAgent>();
    28            動畫控制器 = GetComponent<Animator>();
    29            攻擊距離 = 導航器.stoppingDistance;
    30            血量資訊 = GetComponent<血量控制>();
    31            原始位置 = transform.position;
    32            巡邏開始時間 = Time.time;
    33            原始導航速度 = 導航器.speed;
    34        }
```

以上第 7 行程式碼將原本宣告的【追蹤目標】的 public 關鍵字拿掉，讓它由公有變成私有，未來我們將不再由編輯器指定追蹤目標了。

第 26 行程式碼直接在遊戲一開始時，利用 GameObject.FindGameObjectWithTag(" 主角 ")來找尋場景裡面標籤是「主角」的遊戲物件，然後將它指定給【追蹤目標】，於是就可以讓【敵人】由程式來找尋【主角】，而不必在設計場景時用拖曳的方式指派了。

請記得測試遊戲，現在應該功能正常，而且全部的敵人都不必指派追蹤目標就可正常運作。

10.8　加上使用者界面

接著要為遊戲加上使用者界面，本遊戲為了說明簡便，僅顯示玩家得分。Unity 由 2022.2 版開始將舊有的使用者界面（UI）轉變為遺留版本（Legacy），此後將改用 TextMeshPro（簡稱 TMP）版本 UI 為主要使用者界面。目前 TMP 版本整合不很理想，多語系支援需要改由資源匯入方式製作，因此顯示中文都需要做字型以及字典轉換與匯入動作，相當費工。未來應該會強化整合，可能程式撰寫方式還會改變，需要特別留意。

在階層窗格點選　＋▾　，然後選擇 [UI] → [Text - TextMeshPro]，接著會出現一個小視窗要求你匯入資源，請點選 [Import TMP Essentials]，匯入資源後直接點選 ✕ 關閉視窗即可：

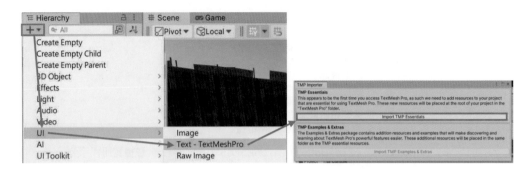

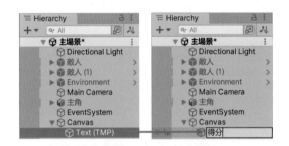

接著將它命名為【得分】。

這裡要注意一下，當場景裡面出現第一個 UI 物件時，系統將會自動建立一個 [Canvas] 畫布，然後將我們新增的 UI 物件放在 Canvas 裡面，接著還會增加一個叫 [EventSystem] 的物件，用來處理 UI 事件。

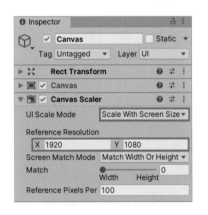

使用畫布 Canvas 時，有一個設定我們經常使用，就是 [Canvas Scaler] → [UI Scale Mode]，我們通常將它設定為 [Scale With Screen Size]，並且設定 [Reference Resolution] 為 1920X1080。此設定是以現今流行 FHD 電視螢幕格式大小 1920X1080 做為參考，讓 UI 可以隨著畫面大小而自動縮放。

滑鼠雙擊階層窗格【得分】以進行編輯，讀者應會發現此時場景窗格難以修改【得分】項目，因此點選場景窗格的 [2D] 按鈕以進入平面模式編輯：

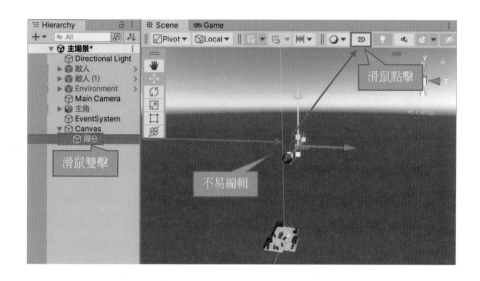

點選 [2D] 按鈕後，場景窗格會進入 2D 編輯模式。【得分】是使用者界面，比較容易使用 2D 模式修改：

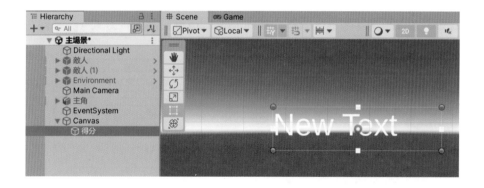

2D 模式之下，在場景編輯窗格裡面用滑鼠滾輪縮放大小，按下滑鼠右鍵並移動滑鼠可以移動畫面，用滑鼠拖曳【得分】以移動位置到右上角，然後到檢查器窗格，點選 [Rect Transform] 當中的對齊符號 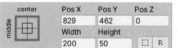 以展開錨點選擇方塊，接著點點右上角（Top-Right）對應的位置，代表【得分】以右上角為對齊錨點，未來不論螢幕大小怎麼變化，【得分】都會對齊右上角而自動改變位置：

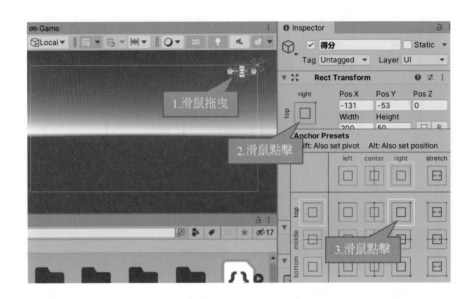

修改檢查器窗格中的文字顯示區內文字為 0，[Font Style] 改為 B 粗體字顯示（B: 粗體，I: 斜體，U: 底線，S: 刪除線，ab: 小寫，AB: 大寫，SC: 小型大寫）以調整字體，並且改變 [Vertex Color] 以調整文字顏色，調整 [Alignment] 以改變文字對齊方式（三 向右對齊）：

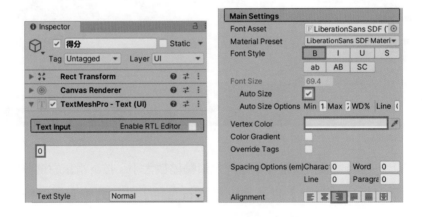

修改完畢後，用滑鼠點擊場景窗格的 [2D] 按鈕，然後再用滑鼠雙擊任意場景物件即可恢復原本 3D 視角：

修改【主角控制】程式碼（參見 [Assets/ 第十章 / 主角控制 18.cs]）：

```
1   ⊟using System.Collections;
2    using System.Collections.Generic;
3    using UnityEngine;
4    using TMPro;
      ⊕Unity 指令碼 (1 個資庫參考)|0 個參考
5   ⊟public class 主角控制 : MonoBehaviour
6    {
7        Animator 動畫控制器;
8        public GameObject 攻擊特效, 特效位置, 攻擊氣功彈;
9        GameObject 播放中特效;
10       public AudioClip 攻擊音效;
11       血量控制 血量資訊;
12       public TMP_Text 顯示分數;
13       int 目前得分 = 0;
        ⊕Unity Message|0 個參考
14       private void OnGUI()
15       {
16           顯示分數.text = 目前得分.ToString();
17       }
        0 個參考
18       public void 得分(int 分數)
19       {
20           目前得分 += 分數;
21       }
```

第 4 行使用命令代表我們要使用 TMPro 功能（TextMeshPro）。如果不加上這一行命令的話，第 12 行程式碼就得要改寫成 public TMPro.TMP_Text 顯示分數；才不會出現錯誤訊息。

第 15 行宣告【顯示分數】為 TMP_Text 型態，用來存放使用者界面裡面的【得分】物件。

第 16 行宣告整數型態【目前得分】並設定初值為 0。

第 14 行覆寫 OnGUI() 方法，它會在每次畫面更新完畢之後，顯示使用者界面時執行。OnGUI() 是 Unity 系統預設方法之一，它的執行時機是每張畫面渲染完畢即將送往顯示卡顯示之前，通常使用者界面相關的處理會放在此處執行。

第 16 行設定【顯示分數】的 text 屬性為【目前得分】的文字。目前得分 .ToString() 可以將整數的目前得分數值變成文字的分數值，以提供【顯示分數】使用。

第 18 行宣告 得分（分數）方法，它會傳入一個整數【分數】參數。

第 20 行設定【目前分數】加上【分數】。

以上程式碼還要配合其他程式才能顯示分數，主要的目的只是提供一個 得分 (分數) 方法，以便角色死亡時給【主角】顯示得分之用。

程式碼存檔後進入階層窗格點選【主角】，將【得分】拖曳至檢查器窗格 [顯示分數] 欄位。

修改【敵人控制】以便死亡時可以讓【主角】得分（參見 [Assets/ 第十章 / 敵人控制 12.cs]）：

```
69    void 死亡處理()
70    {
71        if (血量資訊.血量 <= 0)
72        {
73            動畫控制器.SetBool("死亡", true);
74            導航器.enabled = false;
75            this.enabled = false;
76            StartCoroutine("清除角色");
77            追蹤目標.BroadcastMessage("得分", 100);
78        }
79    }
```

第 77 行的追蹤目標就是【主角】而它是一個 GameObject，凡是 GameObject 物件，都有 BroadcastMessage(" 方法名稱 ", 參數值) 方法，讓我們可以呼叫掛載在那個物件上面所有與方法名稱相同的方法。於是第 77 行程式碼就會變成執行【主角】加載的【主角控制】裡面的 得分（分數）方法，並傳遞 100 分做為【分數】參數。

經過以上操作，擊殺敵人可以得到 100 分。

10.9　修飾：主角攻擊位置的思考

經過這麼長時間的測試，主角一直由拳頭發射氣功彈，雖然邏輯上合理，但是由於主角出拳的動畫是側身出拳，所以氣功彈射出去的角度看起來真的十分奇怪。一般遊戲開發會要求動畫師調整動畫位置，以便讓它可以正面出拳。本遊戲由於使用資源包下載的動畫，因此無法調整位置，只能用別的方式解決。解決方案之一是在主角身上加入一個空的子物件，然後再由這個子物件做為攻擊位置，而不是使用拳頭的位置來發射氣功彈。

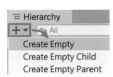

先在階層窗格點選【主角】，然後按下 ➕▾ 圖樣，接著選擇 [Create Empty]，然後將它命名為【攻擊位置】，然後調整 [Transform] → [Position] 為 (0, 1.2, 0.5)，相當於主角前方腰部位置的高度。

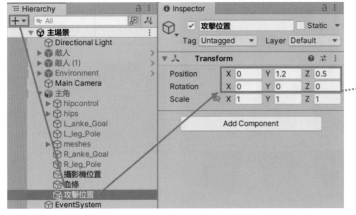

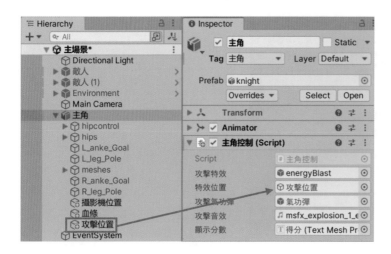

將階層窗格的【攻擊位置】拖曳到【主角】檢查器窗格當中[主角控制]→[特效位置]放開,然後再測試遊戲,現在主角發射氣功彈出去的角度看起來就十分正常了。遊戲設計的重點和一般程式略有不同,一般程式要求的是正確,但是遊戲設計往往視覺上的正確比邏輯上的正確更重要。

10.10 使用武器

使用武器的做法與使用拳頭極為類似,只要在武器上面搭載碰撞器,就可以依靠武器碰撞的方式判斷是否擊中對方,然後再進行扣血動作。請先在場景窗格新增【敵人】預製件,系統會自動命名為【敵人(1)】我們利用它來練習使用武器。

在專案窗格找到[Favorites]→[All Prefabs]→[Maul]並拖曳到階層窗格【敵人(1)】處放下,然後將它改名為【戰槌】:

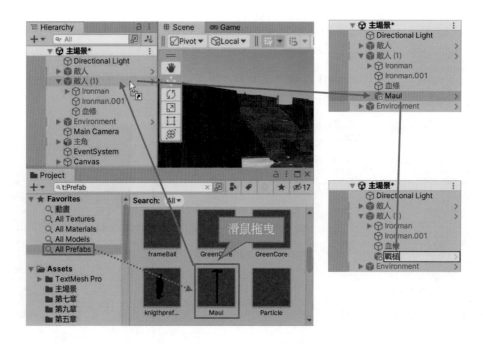

將【戰槌】用滑鼠拖曳到 [b_RightHandMiddle1] 處放開，以便讓【戰槌】變成 [b_RightHandMiddle1] 的子物件：

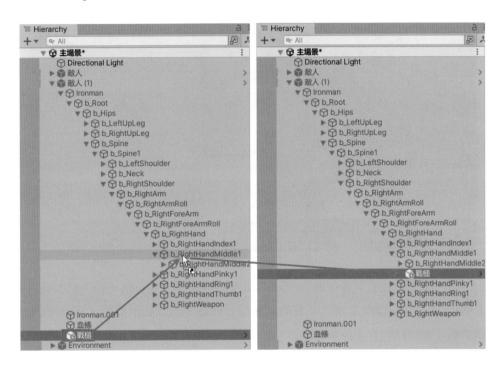

到檢查器窗格調整戰槌的 Transform，以便讓它放置在合適位置。先將 [Transform] 的 [Position] 與 [Rotation] 都清成 0 之後再調整位置與旋轉，最後設定：

Position → Y = -0.05

Rotation → X = 90

女播放遊戲後按下暫停鍵，接著進入場景窗格觀察角色，並隨時按下暫停或開始按鈕，以找尋較佳姿勢。找到較佳觀察姿勢後，調整戰槌的 Transform 至自己滿意的狀態：

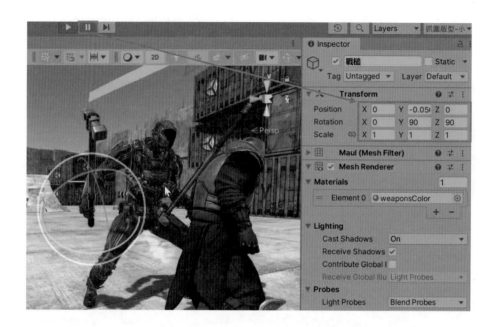

經由上圖的調整，我們預期合適的 Transform 設定應該是 Position = (0, -0.05, 0)，Rotation = (0, 90, 90)。由於停止播放之後，所有的調整都會回復遊戲開始前狀態，所以停止遊戲之後需要重新調整【戰槌位置】才會生效：

重新播放遊戲，並觀察【敵人】拿著戰槌子攻擊的狀態以便微調至讀者喜愛的位置，不需要與本範例完全一致。

由於現在【敵人動畫控制器】並未使用合適的攻擊動作，因此角色動作錯位在所難免，使用雙手劍組動作會好很多，但那需要做進階的雙手連結設定，本書限於篇幅不多做討論。

我們規劃使用戰槌槌頭部份擊中主角才算有效攻擊，因此只針對槌頭加入碰撞器。點選【戰槌】然後到檢查器窗格，使用 [Add Component]→[Physics] [Capsule Collider] 新增 [Capsule Collider]，並調整中心點位置 Center X, Y, Z = (0, 0.75, 0)，半徑 [Radius] 為 0.05，高度 [Height] 為 0.3，方向 [Direction] 為 Z-Axis，最後勾選 [Is Trigger] 以指定碰撞器可以穿越：

到專案窗格將【傷害輸出】程式拖曳至【戰槌】檢查器窗格當中的空白處放開，為【戰槌】加上【傷害輸出】並調整各項設定。

　　由於改用戰槌做為武器，所以拳頭不再是作用中的武器，需要將碰撞器關閉以避免發生碰撞。在階層窗格點選【b_RightHandMiddle1】，也就是原本我們放置傷害輸出以及攻擊偵測用碰撞器的位置，將檢查器窗格當中的 [Sphere Collider] 取消勾選，就可以設定它為未啟用狀態，於是就不會拿來做攻擊偵測了：

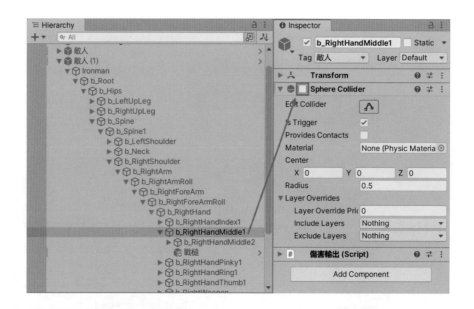

測試遊戲，現在【敵人】可以使用【戰槌】攻擊【主角】並判定扣血了。

　　到目前為止，本遊戲專案已全部完成。請試著在不看書的狀況下，從頭到尾自行完成本遊戲專案，才能得到最佳練習效果。經過本書學習，讀者應該具備足夠的自學能力，接著可以嘗試下載 Unity 官方各項學習資源並加以完成。唯有親自動手練習各種不同的教材，才能更進一步地掌握 Unity 程式開發能力。

國家圖書館出版品預行編目資料

UNITY程式設計教戰手冊／盛介中，邱筱雅著.
-- 四版. -- 臺北市：五南圖書出版股份有
限公司，2022.10
　　面；　公分
ISBN 978-626-343-315-1（平裝附光碟片）

1.CST: 電腦遊戲　2.CST: 電腦程式設計

312.8　　　　　　　　111013924

5R24

UNITY程式設計教戰手冊

作　　　者 ― 盛介中　邱筱雅（150.9）

發 行 人 ― 楊榮川

總 經 理 ― 楊士清

總 編 輯 ― 楊秀麗

副總編輯 ― 王正華

責任編輯 ― 張維文

封面設計 ― 姚孝慈

出 版 者 ― 五南圖書出版股份有限公司

地　　　址：106臺北市大安區和平東路二段339號4樓

電　　　話：(02)2705-5066　　傳　真：(02)2706-6100

網　　　址：https://www.wunan.com.tw

電子郵件：wunan@wunan.com.tw

劃撥帳號：01068953

戶　　　名：五南圖書出版股份有限公司

法律顧問　林勝安律師事務所　林勝安律師

出版日期　2018年2月初版一刷
　　　　　2019年5月二版一刷
　　　　　2021年6月三版一刷
　　　　　2022年10月四版一刷

定　　　價　新臺幣500元

經典永恆・名著常在

五十週年的獻禮 —— 經典名著文庫

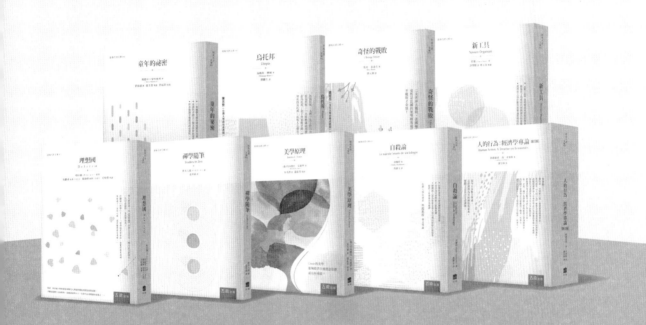

五南，五十年了，半個世紀，人生旅程的一大半，走過來了。

思索著，邁向百年的未來歷程，能為知識界、文化學術界作些什麼？

在速食文化的生態下，有什麼值得讓人雋永品味的？

歷代經典・當今名著，經過時間的洗禮，千錘百鍊，流傳至今，光芒耀人；

不僅使我們能領悟前人的智慧，同時也增深加廣我們思考的深度與視野。

我們決心投入巨資，有計畫的系統梳選，成立「經典名著文庫」，

希望收入古今中外思想性的、充滿睿智與獨見的經典、名著。

這是一項理想性的、永續性的巨大出版工程。

不在意讀者的眾寡，只考慮它的學術價值，力求完整展現先哲思想的軌跡；

為知識界開啟一片智慧之窗，營造一座百花綻放的世界文明公園，

任君遨遊、取菁吸蜜、嘉惠學子！